国家出版基金项目
NATIONAL PUBLICATION FOUNDATION

中华传统食材丛书

总主编 魏兆军 陈寿宏

热带水果卷

主编 王郡
编委 张圆圆

合肥工业大学出版社

图书在版编目（CIP）数据

中华传统食材丛书.热带水果卷/王郡主编.—合肥：合肥工业大学出版社，2022.8

ISBN 978-7-5650-5119-7

Ⅰ.①中… Ⅱ.①王… Ⅲ.①烹饪—原料—介绍—中国 Ⅳ.①TS972.111

中国版本图书馆CIP数据核字（2022）第157787号

中华传统食材丛书·热带水果卷

ZHONGHUA CHUANTONG SHICAI CONGSHU REDAI SHUIGUO JUAN

王 郡 主编

项目负责人	王 磊 陆向军
责任编辑	郭 敬
责任印制	程玉平 张 芹
出 版	合肥工业大学出版社
地 址	（230009）合肥市屯溪路193号
网 址	www.hfutpress.com.cn
电 话	理工图书出版中心：0551-62903004
	营销与储运管理中心：0551-62903198
开 本	710毫米×1010毫米 1/16
印 张	15 **字 数** 208千字
版 次	2022年8月第1版
印 次	2022年8月第1次印刷
印 刷	安徽联众印刷有限公司
发 行	全国新华书店
书 号	ISBN 978-7-5650-5119-7
定 价	135.00元

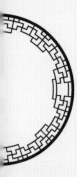

总序

健康是促进人类全面发展的必然要求，《“健康中国2030”规划纲要》中提出，实现国民健康长寿，是国家富强、民族振兴的重要标志，也是全国各族人民的共同愿望。世界卫生组织（WHO）评估表明膳食营养因素对健康的作用大于医疗因素。“民以食为天”，当前，为了满足人民日益增长的美好生活的需求，对食品的美味、营养、健康、方便提出了更高的要求。

中国传统饮食文化博大精深。从上古时期的充饥果腹，到如今的五味调和；从简单的填塞入口，到复杂的品味尝鲜；从简陋的捧土为皿，到精美的餐具食器；从烟火街巷的夜市小吃，到钟鸣鼎食的珍馐奇馔；从“下火上水即为烹饪”，到“拌、腌、卤、炒、熘、烧、焖、蒸、烤、煎、炸、炖、煮、煲、烩”十五种技法以及“鲁、川、粤、徽、浙、闽、苏、湘”八大菜系的选材、配方和技艺，在浩渺的时空中穿梭、演变、再生，形成了绵长而丰富的中华传统饮食文化。中华传统食品既要传承又要创新，在传承的基础上创新，在创新的基础上发展，实现未来食品的多元化和可持续发展。

中华传统饮食文化体现了“大食物观”的核心——食材多元化，肉、蛋、禽、奶、鱼、菜、果、菌、茶等是食物；酒也是食物。中国人讲究“靠山吃山、靠海吃海”，这不仅是一种因地制宜的变通，更是顺应自然的中国式生存之道。中华大地幅员辽阔、地大物博，拥有世界上最多样的地理环境，高原、山林、湖泊、海岸，这种巨大的地理跨度形成了丰富的物种库，潜在食物资源位居世界前列。

“中华传统食材丛书”定位科普性，注重中华传统食材的科学性和文化性。丛书共分为30卷，分别为《药食同源卷》《主粮卷》《杂粮卷》《油脂卷》《蔬菜卷》《野菜卷（上册）》《野菜卷（下册）》《瓜茄卷》《豆荚芽菜卷》《籽实卷》《热带水果卷》《温寒带水果卷》《野果卷》《干坚果卷》《菌藻卷》《参草卷》《滋补卷》《花卉卷》《蛋乳卷》《海洋鱼卷》《淡水鱼卷》《虾蟹卷》《软体动物卷》《昆虫卷》《家禽卷》《家畜卷》《茶叶卷》《酒品卷》《调味品卷》《传统食品添加剂卷》。丛书共收录了食材类目944种，历代食材相关诗歌、谚语、民谣900多首，传说故事或延伸阅读900余则，相关图片近3000幅。丛书的编者团队汇聚了来自食品科学、营养学、中药学、动物学、植物学、农学、文学等多个学科的学者专家。每种食材从物种本源、营养及成分、食材功能、烹饪与加工、食用注意、传说故事或延伸阅读等诸多方面进行介绍。编者团队耗时多年，参阅大量经、史、医书、药典、农书、文学作品等，记录了大量尚未见经传、流散于民间的诗歌、谚语、歌谣、楹联、传说故事等。丛书在文献资料整理、文化创作等方面具有高度的创新性、思想性和学术性，并具有重要的社会价值、文化价值、科学价

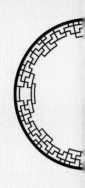

值和出版价值。

对中华传统食材的传承和创新是该丛书的重要特点。一方面，丛书对中国传统食材及文化进行了系统、全面、细致的收集、总结和宣传；另一方面，在传承的基础上，注重食材的营养、加工等方面的科学知识的宣传。相信“中华传统食材丛书”的出版发行，将对实现“健康中国”的战略目标具有重要的推动作用；为实现“大食物观”的多元化食材和扩展食物来源提供参考；同时，也必将进一步坚定中华民族的文化自信，推动社会主义文化的繁荣兴盛。

人间烟火气，最抚凡人心。开卷有益，让米面粮油、畜禽肉蛋、陆海水产、蔬菜瓜果、花卉菌藻携豆乳、茶酒醋调等中华传统食材一起来保障人民的健康！

中国工程院院士

2022年8月

序

中华传统食材丛书《热带水果卷》出版了，这是值得庆贺的一件大事。

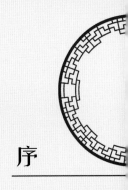

我国地域辽阔，总面积960万平方公里，地形极其复杂，有山脉、高原、平原、丘陵和岛屿，还有漫长的海岸线。在气候方面，北方和南方的温差在冬季超过50℃，极端温差接近70℃，而在夏季，全国普遍是温暖的。地区的降水分布也很不均匀。这为不同种类水果的生长提供了条件，也使中国成为世界上水果资源丰富的国家之一。此外，我国热带水果的资源也十分丰富。我国热带及亚热带地区辽阔，面积约有48万平方公里，涵盖海南省、台湾省、广东省的大部分地区、广西壮族自治区和云南的中南部，以及四川和贵州两省的部分地区。这些地区热量丰富，雨水充沛，冬季更是一个天然的温室，适合多种热带水果的生长。但是人们对热带水果的了解仍然比较陌生，缺乏必要的知识。热带水果具有自己的特性，在许多方面它们也是别的水果所无法替代的。例如龙眼，能补益心脾，养血安神，对治疗心脾虚损、气血不足引起的失眠、健忘、惊悸等症很有功效；山竹，可润燥降火、清凉解热等。

人们认识热带水果，可以很好地开发以及利用热带水果，然而目前市面上系统详尽介绍中国水果的书籍并不多见。今本人有幸应陈寿宏先生及魏兆军先生之邀请，参与到中华传统食材丛书《热带水果卷》的编写工作之中，实属惶恐，但也不遗余力。本卷为读者收录中国地区常见热带水果30余种，从生物学、营养学、食品科学、文学、史学等学科角度，融科普性、学术性、通俗性、文学性、实用性、趣味性为一体，内容丰富。本卷在原版的基础上进行了修订、充实，增加了新的水果品种、新的加工方法，以及很多食疗养生的新内容，并增加了插图，使之图文并茂。

中华传统食材丛书《热带水果卷》的成书，离不开合肥工业大学出版社、国家出版基金及安徽高校自然科学研究项目（KJ2021A1009）的大力支持。本书借鉴了相关文献、图片等，在此向原作者表示诚挚的感谢！

浙江大学叶兴乾教授审阅了本书，并提出宝贵的修改意见，在此深表感谢。

本卷涉及的学科多，内容范围广，加之编者水平有限，不足之处在所难免，敬请广大读者朋友批评指正，以便本书在使用中不断得到完善和提高。

王　郡

2022年2月于合肥

目录

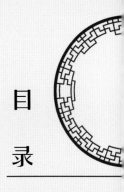

榴莲

遍身狼牙形似瓜，口感尚可气味差。
东南亚国有立法，公益场所难容它。

——《榴莲》（现代）李文纲

一、食材基本特性

拉丁文名称，种属名

榴莲（*Durio zibethinus* Murr.），木棉科、榴莲属植物，常绿乔木，又名韶子、麝香猫果等。

形态特征

榴莲叶片长圆，顶端较尖，聚伞花序，花色淡黄，果实为足球大小，果皮坚实，密生三角形刺，果肉是由假种皮的肉组成的，肉色淡黄，黏性多汁。

习性，生长环境

榴莲原产于东南亚等地区，属于热带水果。如今在我国海南省也有广泛种植。榴莲要在终年高温的气候下才能生长结果，生长所在地日平均温度要求在22℃以上。即使在赤道地区海拔600米以上的高地，由于气温较低，也不能种植榴莲或种植后不能结果。

二、营养及成分

榴莲的营养价值很高，民间常有“一只榴莲三只鸡”的说法。榴莲香味独特，其果肉中含有多种矿物质和维生素，具有“水果之王”的美称。每100克榴莲部分营养成分见下表所列。

碳水化合物	36克
脂肪	4.4克
蛋白质	2克
磷	56毫克

维生素C	28毫克
钙	18毫克
维生素B_3	1.1毫克
铁	1.1毫克
维生素B_2	0.2毫克
维生素B_1	0.2毫克

三、食材功能

性味 味甘，性热。

归经 归肝、肾、肺经。

功能

（1）健脾补气、温补滋养。榴莲富含多种氨基酸，能有效地提高人体免疫力，具有强身健体的功效。

（2）润肠通便。榴莲中含有丰富的膳食纤维，有助于肠道蠕动，起到润肠通便的作用。

（3）增强食欲。榴莲有一种特殊的芳香气味，不同的人对它的感觉不同：有人认为很难忍受；有人却认为这是榴莲的特殊香味，榴莲的这种特殊气味具有开胃的作用。

（4）预防夜盲症。榴莲中含有丰富的维生素A，对视觉神经具有调节作用，多食富含维生素A的食物有助于预防夜盲症。

四、烹饪与加工

生食

去壳后直接食用。建议与山竹搭配食用，两者热凉互补，食后可增强体质。

榴莲炖鸡

（1）材料：榴莲果肉200克，土鸡500克，枸杞5克，生姜10克。

（2）做法：将上述材料一起炖煮。

（3）功效：滋补气血，特别适合秋冬季节食用。

榴莲酥

（1）材料：榴莲果肉300克，鸡蛋1个，飞饼3片，白芝麻少许。

（2）做法：将飞饼用擀面杖擀成长方形，再切成6块正方形；然后在正方形飞饼上放少许榴莲，将飞饼对折后用牙签在边角和表面戳洞，在榴莲酥表面刷蛋液，撒些白芝麻；最后放进烤箱于180℃烤20分钟即可。

榴莲雪糕

（1）原料组成：榴莲果肉、蔗糖、奶油、纯净水。

（2）制备方法：将新鲜优质的榴莲果肉用搅拌机打碎呈泥状，备用；将蔗糖加入纯净水中煮沸，冷却后，加入榴莲泥和奶油，搅拌均匀，注入模具，按照常规方法冷冻储存即可。

（3）特点：制成的榴莲雪糕色泽诱人，口感黏滑细腻，具有浓郁的榴莲香味。

榴莲雪糕

五、食用注意

（1）由于榴莲的含糖量以及热量很高，因此不适合婴幼儿和糖尿病患者长期食用。

（2）榴莲气味独特，在公共场所，特别是在人多时不宜食榴莲。

榴莲的由来

很久以前，有一位长相十分丑陋的国王，而他的王后长得十分的美丽迷人。

国王拥有一切，但是他得不到王后的爱，这让国王十分烦恼。有人告诉国王，有位仙人可以帮助他实现自己的心愿。国王听后就立刻命人带他去见仙人。仙人看看国王说："我要白犀牛的奶，恐龙的蛋，还有宓花的蜜。等你拿到这三样东西时再来找我。"

国王回宫后就分派臣民去取白犀牛的奶，派将士去取恐龙的蛋。由于国王亲政爱民，因此他很快就得到了前两样东西。但是，宓花被花仙采去戴在了头上，而花仙是位易怒的人，这可急坏了国王。夜晚，善良的风仙子见国王辗转难眠，就帮助了国王，趁花仙熟睡时取了那朵宓花。

国王终于可以带齐三样东西去见仙人了。仙人看到国王找到了那三样东西，就施法把白犀牛的奶和宓花的蜜贮入恐龙蛋中，接着，仙人把蛋交给国王并对他说："你回去把它埋在院子里，等它长成大树结出果实，你只要摘下一颗拿去给王后吃下，她就会爱上你了。不过，等你举国欢庆时记得要邀请我去！"国王高兴地答应了仙人，带着恐龙蛋回国了。

国王把蛋埋下的第二天，它就长成了一棵参天大树，结出了许多果实。国王取下一颗送给了他的王后。果实的外表十分光滑，切开后里面白色的果肉散发出诱人的香气。王后吃下果实后，奇迹发生了，王后立刻爱上了国王，国王高兴得大摆筵席。

当人们沉浸在欢乐中品尝果实时，仙人在远处愤怒地向王城看去，国王忘记了他的承诺。

就这样，仙人施法了。刹那间，漂亮果实的外表长满了刺，而且果肉里还散发着阵阵恶臭，但吃到嘴里的味道仍然是很好的。后来，人们就称它为“榴莲”。

山竹

春风轻拂满枝稠，妩媚千般尽意柔。
繁花似锦出画色，芬芳如链遂梦游。
含嗔桃李红妆罢，逐艳蜂蝶采染酬。
天赐姿娇诗客恋，生成山竹稚童羞。

——《山竹》（近代）汪茂修

一、食材基本特性

拉丁文名称，种属名

山竹（*Garcinia mangostana* L.），山茶亚目、藤黄科、藤黄属植物，小乔木，又名莽吉柿、山竺、山竹子、倒捻子等。

形态特征

山竹植株高12～20米，分枝多而密集，交互对生，小枝具明显的纵棱条。叶片为厚革质，具光泽，呈椭圆形或椭圆状矩圆形，顶端短渐尖，基部呈宽楔形或近圆形。果实成熟时外果皮呈紫红色，间有黄褐色斑块，光滑，有种子4～5粒，假种皮瓢状多汁，白色。

习性，生长环境

山竹主要分布在亚洲和非洲的热带地区。在我国台湾、福建、广东和云南等地均有栽培。山竹花期在9—10月，果期在11—12月。山竹是一种典型的热带雨林型植物，其适宜生长在温度为25～35℃、相对湿度

山　竹

为80%的环境中。山竹对土壤适应性较强，但是不适应石灰质土壤、沙质冲积土及腐殖质含量低的沙土。在热带地区，透气、深厚、排水好、微酸、富含有机质的黏质土和壤土最适合山竹的生长。

二、营养及成分

每100克山竹部分营养成分见下表所列。

碳水化合物	5.6克
膳食纤维	1.8克
蛋白质	0.6克
维生素A	150毫克
钾	48毫克
镁	19毫克
磷	9毫克
维生素C	1.2毫克
维生素E	0.4毫克
铁	0.3毫克
维生素B_1	0.1毫克

三、食材功能

性味 味甜，性寒。

归经 归脾、胃经。

功能

（1）健脾生津。山竹中含有大量果糖和有机酸，有助于脾胃吸收，生津。

（2）促进骨骼发育。山竹中含有丰富的磷，磷与钙一起作用于骨骼，可促进骨骼发育。

（3）预防皮肤感染。山竹果皮具有抗感染与杀菌作用，可用于辅助治疗皮肤感染。

（4）缓解口腔溃疡。山竹性寒，能清除人体中的热毒，对口舌生疮、口腔溃疡等病症具有良好的缓解之效。

四、烹饪与加工

生食

去壳后直接食用。

山竹鲜果沙拉

（1）材料：山竹肉100克，小番茄30克，苹果30克，生菜少许，紫甘蓝少许，沙拉酱、千岛酱少许。

（2）做法：将上述所有水果、蔬菜切碎，淋上沙拉酱和千岛酱并搅拌均匀，装盘即可。

奇异果山竹奶昔

（1）材料：山竹果肉200克，奇异果200克，牛奶500克，淡奶油5克。

（2）做法：将山竹果肉和奇异果切碎，加入牛奶混合；放入料理机中打碎；倒入杯中，再加入淡奶油即可。

山竹蒸馏酒

（1）预处理：将山竹去皮去籽后，按料水质量比（1∶5）～（1∶2）混合榨汁，然后向山竹榨汁液中加入果胶酶酶解，过滤得到山竹果汁；将山竹果汁加热至90～100℃，保温5分钟，加入酵母，然后降温至15～30℃，发酵5至8天，发酵温度控制在18～22℃，得到山竹果酒。

（2）深加工：将山竹果酒转移到蒸馏器内蒸馏40～60分钟，得山竹蒸馏原液，去除原液的酒头和酒尾，装瓶密封，避光贮存。

（3）特点：制备得到的山竹蒸馏酒稳定性强，其山竹风味可保持1年以上。

五、食用注意

（1）严重肥胖者、慢性病患者、严重肾病患者和心脏病患者应少食山竹；慢性糖尿病患者应长期忌食。

（2）忌与寒凉食物同食。

（3）建议消费者在食用新鲜山竹时，最好不要将外果皮的紫色肉质汁液沾染到山竹的肉瓣上，以免影响其鲜嫩口感。

延伸阅读

山竹名字的来历

早在明朝，中国人就对山竹有了记载。郑和下西洋，带回来的不仅有假装麒麟的长颈鹿、大象和狮子，还有各色闻所未闻的植物，浩浩荡荡的远航，让万历朝的博物学大爆发。

以前，在水果资源丰富的东南亚，肉质肥厚、甜度高的水果，如香蕉、芒果唾手可得，人们并不关注皮厚、核大、果肉少的山竹。即便是信奉中医的南洋人，很多也只是拿山竹果连壳煮水，以其苦味“清火”。相反，因为种植简单、结果慢，山竹更多地被当作开荒植物。

山竹的另一个很重要的作用就是做染料。藤黄这个名字，丹青手一定不会陌生。买山竹的时候，偶尔会发现果实表面擦伤的地方有黄色黏液渗出，沾在衣服上很难洗掉，这就是藤黄了。开荒外加收获染料的时候，人们发现某些植株能结出硬壳的浆果，这些植株枝条有明显的节和纵棱，看上去有些像竹竿，因此就被华人命名为“山竹”。殊不知，它和几百年前郑和发现的莽吉柿是同一物。

香蕉

古老源源百万年，长居热带影翩翩。
金黄串串浓香郁，智慧加身有佛缘。

——《香蕉》（现代）杨金香

一、食材基本特性

拉丁文名称，种属名

香蕉（*Musa nana* Lour.），芭蕉科、芭蕉属植物，又名金蕉、弓蕉、甘蕉等。

形态特征

香蕉植株为大型草本，从根状茎发出，由叶鞘下部形成高3～6米的假秆；叶呈长圆形至椭圆形，有的长3～3.5米，宽65厘米，10～20枚簇生于茎顶。穗状花序下垂，由假秆顶端抽出，花多数，淡黄色；果序弯垂，结果10～20串。植株结果后枯死，由根状茎长出的吸根继续繁殖，每一根株可活多年。

习性，生长环境

香蕉主要分布在南北纬度30°以内的热带、亚热带地区。在我国广东、广西、福建、台湾、云南和海南等地均有栽培。香蕉喜湿热气候，怕低温、忌霜雪，其适宜生长温度为20～35℃。香蕉根群细嫩，对土壤的选择较严，适合生长在肥沃、疏松和排水良好的土壤中。此外，香蕉对土壤的物理性状也有一定的要求，适宜的土壤pH值为4.5～7.5，6最好。

二、营养及成分

每100克香蕉部分营养成分见下表所列。

碳水化合物	22克
蛋白质	1.4克
膳食纤维	1.2克

钾	256毫克
镁	43毫克
磷	28毫克
维生素C	8毫克
钙	7毫克
钠	0.8毫克
维生素B_3	0.7毫克

三、食材功能

性味 味甘，性寒。

归经 归肺、大肠经。

（1）清热润肺，润肠通气。香蕉性寒，具有清热之效；且香蕉中含有丰富的膳食纤维，可促进肠道蠕动，预防便秘。

（2）预防高血压。香蕉中含有丰富的钾，可使血液中过多的钠离子排出，降低血压。

（3）增强身体免疫力。香蕉中的蛋白质可以刺激T细胞分化，增强人体的免疫力。

（4）缓解胃部不适，预防胃溃疡。香蕉中含有的5-羟色胺物质可以有效地抑制胃酸分泌，缓解胃酸对消化道和胃食管黏膜的强烈刺激，缓解胃部不适和预防胃溃疡。

四、烹饪与加工

生食

将香蕉剥皮后可以直接食用，味道香甜。

炸香蕉

（1）材料：香蕉2根，面包屑或面粉适量，植物油适量。

（2）做法：将香蕉去皮，裹上面包屑或面粉，油炸。

（3）特点：口味香甜，是一种适合小朋友的休闲小吃。

香蕉松饼

（1）材料：香蕉、鸡蛋、牛奶、面粉。

（2）做法：将香蕉捣成泥状备用；取香蕉泥与鸡蛋、牛奶、面粉混合，搅拌成面糊并过筛；舀一勺面糊放入不沾锅中，小火慢煎，等成型后翻面继续煎；煎好后摆盘即可。

（3）特点：外皮酥脆，内里松软，符合小朋友的口味。

香蕉松饼

香蕉干

（1）原料选材：选取五成熟的香蕉，洗净备用。

（2）预处理：将洗净的香蕉进行微波灭酶处理，去皮后将香蕉压制成片，并对压片的香蕉进行脱水处理。

（3）浸渍：再将香蕉置于风味调节液或清水中浸泡。

（4）干燥：将香蕉烘干后，晾凉、包装。

香蕉干

五、食用注意

一次不要吃太多香蕉，以免加重身体负担。

硬吞香蕉皮

民国时期，香蕉在东北并不多见，所以有许多人没有尝过。有一次吴俊升（民国时期做过黑龙江省督军兼省长）到沈阳和几位官场朋友赴日本站松梅轩晚宴，席上有香蕉。吴俊升是第一次遇见香蕉，不假思索地拿了一根连皮吃下去。等一会儿，看见同座的客人却是先把皮剥掉然后吃，他知道自己吃法错了，却不愿意认错，赶紧自打圆场，装着十二分正经的面孔说道：“诸位文人，无事不要文质彬彬的，我吃香蕉向来是连皮吃下去的！”一时沦为笑柄。

椰子

天教日饮欲全丝，美酒生林不待仪。
自漉疏巾邀醉客，更将空壳付冠师。
规摹简古人争看，簪导轻安发不知。
更著短檐高屋帽，东坡何事不违时。

——《椰子冠》（北宋）苏轼

一、食材基本特性

拉丁文名称，种属名

椰子（*Cocos nucifera* L.），棕榈科、椰子属植物，常绿落叶乔木，又名胥椰、胥余、越子头、奶桃等。

形态特征

椰子植株高大，乔木状，高15~30米，茎粗壮，有环状叶痕，基部增粗，常有簇生小根。叶柄粗壮，花序腋生，果实呈卵球状或近球形，果腔含有胚乳、胚和汁液（椰子水），花果期主要在秋季。

习性，生长环境

椰子原产于亚洲东南部、印度尼西亚至太平洋群岛。早在我国2000多年前的《史记》中，就有对椰子的明确记载。现在椰子主要分布于亚洲、非洲和拉丁美洲，以赤道滨海地区最多。在我国广东、海南、台湾及云南等地均有栽培。椰子主要生长于海拔50米以下的沿海地区。它是一种热带喜光作物，其适宜生长温度为26~27℃，适合生长在高温、多雨、阳光充足的低海拔地区和海洋冲积土、河岸冲积土中，而对砾土、黏土的适应性较差。

二、营养及成分

椰子是一种营养价值较高的水果，椰汁藏于果腔中，味清淡。椰肉中含有大量的碳水化合物、维生素A、维生素C等营养物质。此外，椰肉的含油量很高，是很好的油料来源。每100克椰子部分营养成分见下表所列。

碳水化合物	26.5克
脂肪	12.1克
膳食纤维	4.7克
蛋白质	4克
维生素A	21毫克
维生素C	6毫克
钙	2毫克
铁	1.8毫克
锌	0.9毫克

三、食材功能

性味 味甘，性平。

归经 归肺、胃经。

功能

（1）益气健脾。椰子入肺、胃经，对于脾虚所导致的恶心、呕吐、食欲不振、腹痛症状，有很好的缓解作用。

（2）生津止渴。椰汁中含有大量的水分，对于津伤所导致的口渴、口干具有很好的疗效。

（3）利尿消肿。椰汁中含有丰富的钾，有助于调节人体的渗透压，预防高温中暑引起的电解质紊乱，起到利尿消肿的作用。

四、烹饪与加工

椰汁

将椰壳打开，直接饮用。

椰汁味甘，具有止渴、解热、补水利尿、祛风解毒、益气润肤的功效。

虫草花椰子汤

（1）材料：椰汁300毫升，鸡腿400克，料酒5克，虫草花少许，姜片2片，水适量。

（2）做法：将上述所有材料一起炖煮。

（3）功效：清热滋补，补肾强身，消除疲劳。

椰奶冻

（1）材料：椰汁250毫升，炼乳15毫升，淡奶油100毫升，椰蓉20克，白凉粉18克。

（2）做法：将椰汁、炼乳、淡奶油混合并小火加热至起泡；加入白凉粉，搅拌均匀，放入冰箱中冷藏；凝固后在表面撒上椰蓉，并挤上淡奶油，用薄荷叶装饰即可。

（3）特点：椰奶味浓郁，口味清甜。

椰奶冻

椰子油

（1）预处理：将椰子肉在20~60℃的条件下进行烘干，使其水分含量低于6%；送入粉碎机进行粉碎，过40目筛进行筛分。

（2）细加工：将上述粉末进行冷榨，得到毛油和冷榨饼；将上述冷榨饼进行亚临界萃取，其中萃取剂为正丁烷，萃取温度为30~40℃，再次得到毛油。

（3）成品：将上述得到的毛油合并后过滤，得到成品。

椰子油

五、食用注意

（1）肠胃不好者或中老年人每天不宜多食椰汁，应适量饮用。

（2）凡大便溏泄者忌食椰子肉。

（3）患有肝功能不全、高血压和糖尿病者应少食椰汁和新鲜椰肉。

椰子由来的传说

在古代，有一个叫木耶的方士驾船到海上去寻找仙山，不巧遇上大风浪，眼看着船就要被巨浪打翻，突然他被一条黑龙救起。不知道过了多久，黑龙载着他飞到天边的一座孤岛，撞在了一块千年礁石上，就再也没有起来。

此时天边飞来一个仙女，用玉瓶水浇在龙头上，只见黑龙瞬间化为一棵高树，大大的叶子上面结满了奇怪的果实。那仙女自称南海观音，不忍见岛上瘟疫横行。今巧遇木耶方士精通医术，仙女遂命方士在岛上治病救人，特赐神水，藏于仙树的果实之中，另有果肉，可以供人充饥，也可延年益寿。木耶方士领命，观音腾空而去。木耶方士带领村民来到仙树下，摘下果实，取出神水，把果肉分给饥饿的人群，喝下神水的百姓果然不久就病愈。木耶方士得到百姓的爱戴，便不去寻找仙山了，一心留在孤岛，教授百姓医术医理、施种耕田的方法。有一天，木耶方士来到仙树底下，见有幼苗生长，知是仙树果实成熟落在地上而生长出来的，大喜，命百姓采摘仙树果实，置于土地中。由于岛上气候四季如春，没过几年便仙树成林。说来也奇怪，此后岛上人人长寿，可能是人人得以饮用神水之故。

后人为纪念木耶方士，把“木”“耶”二字合并为“椰”字，给仙树取名为“椰树”，把果实称作“椰子”。

芒果

颜黄形如心，满屋倾飘香。
典雅果余味，钟意言所爱。
芒果香暧味，独爱此滋味。
深醉不归路，幻来多几回。
飘零凌乱美，窥看靓人睡。
往事如风儿，渐行渐远去。
空待忆人陪，拂过流逝泪。
独嗅弥漫香，终究芒果味。

——《芒果香》（现代）丁咏

一、食材基本特性

拉丁文名称，种属名

芒果（*Mangifera indica* L.），漆树亚目、漆树科、杧果属植物，常绿大乔木，又名庵罗果、檬果、蜜望子、香盖等。

形态特征

芒果叶革质，互生；花小，杂性，黄色或淡黄色，成顶生的圆锥花序。核果大而扁，长5～10厘米，宽3～4.5厘米，成熟时果皮呈黄色，肉质肥厚，味甜，果核坚硬。

习性，生长环境

芒果原产于印度，品种数量高达千种。目前在世界上已广为栽培，在我国云南、广西、广东、四川、福建、台湾等省（区）均有种植。芒果的花期是每年12月至次年1—2月，有时会早至11月或迟到次年3月。芒果主要生长在海拔200～1350米的山坡、河谷或旷野中。芒果性喜温暖，不耐寒霜，其适宜生长温度为25～30℃。芒果喜光，充足的光照可促进开花坐果，提高果实品质。芒果对土壤要求不高，但以土层深厚、排水良好、微酸性的沙壤土为好。

二、营养及成分

芒果中的维生素A含量居水果之冠，维生素C的含量也超过橘子、草莓。每100克芒果部分营养成分见下表所列。

碳水化合物	13.1克
蛋白质	0.6克

膳食纤维	0.4克
脂肪	0.3克
胡萝卜素	897毫克
维生素A	150毫克
钾	138毫克
维生素C	23毫克
镁	14毫克
磷	11毫克
铁	0.2毫克

三、食材功能

性味 味甘、酸，性凉。

归经 归肺、脾、胃经。

功能

（1）滋润肌肤。芒果中含有丰富的维生素，经常食用芒果，可以起到滋润肌肤的作用。

（2）祛痰止咳。芒果中所含的芒果苷有祛痰止咳的功效，对咳嗽、痰多、气喘等症有辅助治疗作用。

（3）预防高血压、动脉硬化。芒果中含有丰富的维生素C，维生素C可减轻过氧化损伤对血管内皮的损害，从而有助于维持血压稳定，达到预防高血压、动脉硬化的功效。

四、烹饪与加工

生食

将芒果剥皮后可直接生食，酸甜可口。

芒果果酱

（1）材料：芒果果肉，糖水半杯。

（2）做法：将芒果果肉捣烂，与糖水一起熬煮。

（3）成品：冷却后放入玻璃罐中密闭贮存，可佐以面包、蛋糕等糕点。

芒果奇亚籽布丁

（1）材料：奇亚籽、芒果、牛奶。

（2）做法：将奇亚籽和牛奶混合，于冰箱中冷藏一夜；第二天取出，奇亚籽已经膨胀成布丁状，在杯子里一层芒果肉一层奇亚籽重叠铺至杯子七八分满，上面装饰些芒果块即可。

芒果干

（1）原料选择：选择无病虫害、无机械损伤的新鲜芒果，备用。

（2）原料预处理：将上述新鲜芒果清洗过后进行去皮、去核处理；切成芒果片，并立即置于护色液中浸泡1～3分钟，得到护色芒果片。

芒果干

（3）糖渍：将上述护色芒果片放在15%～25%的糖液中浸泡20～24小时，沥干，得糖渍芒果片，备用。

（4）干燥：将上述芒果片逐片放在网盘上，放入远程红外干燥箱中干燥，干燥温度为60～70℃，干燥时间为6～9小时。

（5）包装：挑出焦片、碎块等不合格成分，进行分级、真空包装即可。

五、食用注意

（1）过多食用芒果容易导致急性肾炎。

（2）糖尿病患者不宜食用芒果。

传说故事

郑和携海南芒果七下西洋

公元1405年7月，明成祖正式派郑和带一支载有27000多人的船队下“西洋”。郑和第一次出海，先到海南岛补充给养，装上了大量的海南岛产的芒果。经过占城、爪哇、苏门答腊等地方送礼物时，他都不忘送上几个芒果，当时人们把芒果视为祥和、友好的象征。

往后30年里，郑和出海7次，共到过30多个国家和地区，最远到达非洲的木骨都束国，每次都不忘给当地人民送上海南岛的芒果。一时间海南岛芒果传遍了海外，直到现在，在那些国家还流传着中国送芒果下西洋的故事。

释迦果

称名颇似足夸人，不是中原大谷珍。
端为上林栽未得，只应海岛作安身。

——《释迦果》（清）沈光文

一、食材基本特性

拉丁文名称，种属名

释迦果（*Annona squamosa* Linn.），毛茛目、番荔枝科、番荔枝属植物，落叶小乔木，又名番荔枝等。

形态特征

释迦果树皮薄，为灰白色，多分枝。花单生或2~4朵聚生于枝顶或与叶对生，为青黄色；花蕾呈披针形；萼片呈三角形，被微毛；外轮花瓣狭而厚，长圆形。叶薄呈纸质，为椭圆状披针形；侧脉上面扁平，下面凸起。果实由多数圆形或椭圆形的成熟心皮相连，无毛，黄绿色，外面被白色粉霜。

习性，生长环境

释迦果原产于南美洲，目前在世界上的热带地区均有栽培；在我国浙江、台湾、福建、广东、广西、海南和云南等省区均有种植。释迦果的花期在5—6月，果期在6—11月。释迦果喜光耐阴，其适宜生长温度为25~32℃。释迦果对土壤的要求不高，在沙质、黏壤质土中都能生长。但是要获得高产和稳产，则以沙质土或沙壤土为好。释迦果对水分敏感，若开花期或坐果期缺水会导致果实生长缓慢；若水分过多造成水淹，也会导致果树落花落叶。

二、营养及成分

每100克释迦果主要营养成分见下表所列。

可溶性固形物	26克
碳水化合物	23.9克
水分	8.4克
蛋白质	1.6克
脂肪	0.3克
钾	247毫克
钠	9毫克

三、食材功能

性味 味甘，性平。

归经 归心、胃经。

功能

（1）防治赤痢。释迦果的叶子、种子和树皮都含有丰富的生物碱，具有防治赤痢的功效。

（2）补中益气。释迦果热量高、营养足，可迅速补充体力。

（3）补铁养血。释迦果富含铁元素，适宜于缺铁性贫血患者食用，儿童及哺乳期的妇女要注意补铁，因此可以适当地食用释迦果。

（4）作抗氧化剂。释迦果富含维生素C，维生素C可以清除人体中的自由基，能防止自由基对人体造成伤害。

四、烹饪与加工

生食

将新鲜释迦果剥壳去皮后，可以直接食用。

草莓释迦果酸奶

（1）材料：草莓300克，释迦果半个，养乐多1瓶。

（2）做法：将草莓洗净去蒂切小块，释迦果去皮切开；将切好的草莓和释迦果放入料理机，倒入养乐多，通电料理3分钟即可。

释迦罐头

（1）原料配比：释迦果果肉80～100份，甜味剂5～20份，酸味剂0.6～4份，增稠剂0.01～0.05份，抗坏血酸0.05～0.1份，纯净水30～50份。

（2）原料预处理：选取新鲜、无虫害、无破损的释迦果作为原料，用水清洗后，对其去皮、去核，再切至大小均匀的丁儿，然后倒入沸水中热烫10～30秒后沥干，备用。

（3）制备汁料：按配比将甜味剂、酸味剂、增稠剂、抗坏血酸和纯净水倒入锅中熬制，得到罐头的汁料。

（4）原料软化：将上述释迦果果块倒入汁料中，搅拌均匀，软化。

（5）灌装、封口、杀菌：将上述物料灌入软包装内袋，再抽真空，热合封口，然后将包装好的软罐头放入热水中杀菌，再放入冷水中冷却，最后沥干入成品库保存。

释迦果糕

（1）原料组成：释迦果、糯米粉、黑米粉、鱼油、芝麻粉。

（2）加工流程：将释迦果榨汁待用；将糯米粉与黑米粉混合，然后将释迦果浆、鱼油加入其中，搅拌混合后入模蒸熟；将蒸熟的糕用芝麻粉滚面，真空灭菌包装后即得成品。

（3）特点：酥香可口，养胃健身。

五、食用注意

吃释迦果时一定要适量，不要一次吃太多，否则给肠胃造成负担。

传说故事

释迦果名字的由来

相传，释迦牟尼19岁时，正是古印度各国之间互相讨伐、并吞的阶段，民族矛盾十分尖锐。他所属的释迦牟尼民族是一个弱小的民族，受到邻国强权的威胁，朝不保夕，时有灭亡的危险。因而他认为世间的一切事物都在生与灭中变化着，没有永恒的幸福，而人生的痛苦是无休止的。于是释迦牟尼决意放弃将来的王位，离开了皇宫。他来到位于迦毗罗卫城和天臂交界处的兰毗尼花园，在当年母亲生他的无忧树下，拔剑斩断头发，并将斩断的一缕缕头发甩到无忧树枝上，顷刻间一缕缕头发变成一颗颗释迦果，等他斩完头发，无忧树上已释迦果累累。释迦牟尼本人也在这棵无忧树下修炼成正果，成为释迦牟尼佛。

我国引进种植释迦果大约有400年历史，据记载，释迦果最早是由荷兰人引入中国台湾的。由于果实表皮有菱形疣状鳞目，状似佛头，所以又常被称作“佛头果”。

西番莲

西方佛有青莲眼，西番花有青莲产。
朱丝作蔓碧玉英，缭绕疏篱意何限。
世间只尚紫与黄，此花无色能久长。
百花香者争高价，此花不售自开谢。
唯有幽人最惬怀，竟日盘桓倚僧舍。

——《集长寿禅林咏西番莲花歌》
（清）陈恭尹

一、食材基本特性

拉丁文名称，种属名

西番莲（*Passiflora caerulea* L.），山茶亚目、西番莲科、西番莲属植物，草质藤本，又名百香果、鸡蛋果、热情果等。

形态特征

西番莲植株的叶呈纸质，基部呈心形，掌状5深裂，中间裂片为卵状长圆形，两侧裂片略小，无毛、全缘；聚伞花序退化仅存1花，与卷须对生，花大，淡绿色；浆果为卵圆球形至近圆球形，熟时为橙黄色或黄色；种子多数，倒心形，长约5毫米。

习性，生长环境

西番莲原产于巴西，在热带、亚热带地区均有栽培；在我国广西、江西、四川、云南等地均有种植。西番莲的花期在5—7月，花后50~60天果实就会成熟。西番莲喜光，向阳，适宜生长在温暖的气候环境中。

西番莲

西番莲的适应性强，对土壤要求不严，房前屋后、山地、路边均可种植，但以富含有机质、疏松、土层深厚、排水良好、阳光充足的向阳园地为最佳，忌积水，不耐旱，应保持土壤湿润。

二、营养及成分

西番莲果实含有135种以上的芳香物质，最适于加工成果汁，或与其他水果（如芒果、菠萝、番石榴、柑橙和苹果等）加工混配成混合果汁，可以显著地提高水果汁的口感；可以作为雪糕或其他食品的添加剂以增加香味，改进品质。每100克西番莲果实部分营养成分见下表所列。

碳水化合物	15.2克
蛋白质	1.4克
脂肪	1.2克
钾	73毫克
钙	30毫克
维生素C	17.4毫克
镁	4毫克
钠	3毫克

三、食材功能

性味 味苦，性温。

归经 归心、大肠经。

功能

（1）生津利咽。西番莲味道甘酸，富含丰富的氨基酸，大量有益氨基酸的摄入有助于受损组织细胞的恢复，并由于其具有清热解毒的作用，因此食用西番莲可以治疗咽干和声嘶。

（2）镇定安神，松弛神经。西番莲中含有丰富的钾元素，能够消除肌肉和神经疲劳。晚上食用西番莲会使心情更加舒畅，更加容易入睡。

（3）消炎杀菌。西番莲中维生素C和钾元素可以帮助抑制人体内有害微生物的生长，预防炎症发生，起到消炎杀菌作用。

（4）抗氧化作用。西番莲果肉中所含有的多酚类成分有着良好的抗氧化特性，通过食用西番莲或者其加工产品，可以很好地清除体内过剩的自由基。

四、烹饪与加工

柠檬西番莲果汁

（1）材料：柠檬1个，西番莲2个，冰块适量。

（2）做法：将柠檬和西番莲一起榨汁，加入冰块即可。

（3）特点：酸酸甜甜，清凉又美味。

柠檬西番莲果汁

西番莲果酱

（1）材料：西番莲果肉620克，冰糖350克。

（2）做法：将西番莲对半切开，用勺子掏出果肉；加入冰糖用大火煮；煮至稍稠时改为中小火，偶尔搅拌。

（3）用法：冲水喝。

西番莲原浆酒

（1）原料处理：采摘西番莲，放置于阴凉处，让其自然成熟。

（2）初加工：将成熟西番莲的枝柄去除，清洗后进行自然风干；自然风干后的西番莲经粉碎、过筛后，称重装入容器。

（3）酿造：加入酒曲和适量白砂糖，搅拌均匀后密封发酵；在西番莲发酵6～15天的时候，向容器中再次加入酒曲，密封发酵。

（4）成品：发酵完成后进行蒸馏，过滤，装瓶。

西番莲发酵乳

（1）材料：以西番莲、纯牛奶为原料，以市售酸奶为发酵剂。

（2）加工工艺：经原料预处理、杀菌、冷却、接种、发酵、后熟和调配工艺，制得西番莲发酵乳饮料。

（3）特点：稳定性最好，酸甜适口，香味柔和，色泽明亮。

五、食用注意

消化系统疾病患者慎食，胃有问题者禁食。

传说故事

鸡蛋果的由来

相传，很久以前，在海南岛的万泉河南岸，住着一对姓许的采药老夫妇。老头天天采药，老伴除帮老头洗、切、分拣药草，还养了好多只老母鸡，天天能收到不少的鸡蛋。可在一段时间里，连续好几天，鸡下的蛋都不翼而飞了。老伴总说是老头去市场卖药时顺便卖了，没和她打招呼，吵得家里鸡犬不宁。为了弄个水落石出，老药农每天留心鸡蛋的下落。

原来，每当母鸡下蛋啼叫之后，即引来了一条大白蛇，大白蛇把鸡蛋吞下，然后爬到树上，再一个个吐出粘在树叶下，就像树上结出的天然果子一样，粘好后蛇就游走了。为了不让蛇再来吞蛋，老药农在鸡窝和树的四周都撒了雄黄，蛇就不来了，但树上每年都结出像鸡蛋一样的果实，人们叫这种果实为“鸡蛋果”。

火龙果

东君款款入山窝，温润施恩硕果多。
万盏红灯菱剑挂，新乡一跃吉祥坡。

——《满山火龙果》（现代）
小河江楠

一、食材基本特性

拉丁文名称，种属名

火龙果（*Hylocereus undatus* ‘Foo-Lon’），仙人掌目、仙人掌科、量天尺属植物，肉质灌木，具气根。又名青龙果、仙蜜果、玉龙果等。

形态特征

火龙果的植株无主根，分枝多数，延伸，叶片棱常呈翅状，边缘呈波状或圆齿状，深绿色至淡蓝绿色，骨质；花为漏斗状，于夜间开放，花丝为黄白色，花柱为黄白色；浆果为红色，长球形，果脐小，果肉为白色、红色；种子呈倒卵形，黑色，种脐小。

火龙果

习性，生长环境

火龙果原产于中美洲的哥斯达黎加、危地马拉、巴拿马、厄瓜多尔、古巴、哥伦比亚等地。在19世纪早期，火龙果传入我国。目前，在广西、广东、贵州、海南、云南、福建等地均有栽培。火龙果的花期是5—10月，谢花后30~40天果实成熟。火龙果喜光耐阴，耐热耐旱，喜肥耐瘠，其适宜生长温度为25~35℃。火龙果可适应多种土壤，但以含腐殖质多、保水保肥的中性土壤和弱酸性土壤为好。

二、营养及成分

每100克火龙果部分营养成分见下表所列。

碳水化合物	12.4克
葡萄糖	7.8克
果糖	2.8克
纤维素	1.7克
蛋白质	0.8克
脂肪	0.4克
钠	76毫克
镁	41毫克
磷	32毫克
维生素C	7毫克
钙	6.8毫克
锌	2.3毫克
铁	0.6毫克
维生素B_1	0.1毫克
维生素B_2	0.1毫克

三、食材功能

性味 味甘，性平。

归经 归脾、胃经。

功能

（1）生津和胃，促进消化。火龙果中芝麻状的种子有促进胃肠消化的功能。

（2）解暑消烦，缓解燥热。火龙果对燥热咳嗽、咳血、颈淋巴结核等病症具有有效的预防以及治疗作用。

（3）抗衰老。火龙果中含有丰富的花青素，它具有抗氧化、抗自由基、抗衰老的作用。

（4）预防重金属中毒。火龙果中富含一般蔬果中较少有的植物性白蛋白，这种有活性的植物白蛋白会自动与人体内的重金属离子结合，将其通过排泄系统排出体外，从而起到解毒的作用。

四、烹饪与加工

生食

剥皮后直接食用。

火龙果沙拉

（1）材料：火龙果1个，哈蜜瓜1个，西红柿1个，沙拉酱少许。

（2）做法：将火龙果、哈蜜瓜、西红柿切块，用沙拉酱搅拌均匀即可。

（3）特点：味道丰富，营养价值高。

火龙果沙拉

火龙果酵素酒

（1）材料：火龙果，酵母，冰糖。

（2）发酵工艺：低温发酵。

（3）功效：助消化，调节肠胃功能。

火龙果果醋

（1）原料处理：以火龙果为原料，去除火龙果上的绿色鳞片，经清洗后，打浆处理。

（2）酶解：向火龙果浆液中加入果胶酶，温度控制为45~55℃，时间控制为3~4小时；之后加入白砂糖，混合均匀。

（3）酒精发酵：加入酵母，温度控制为20~25℃，时间为8~10天，发酵结束后，滤出汁液。

（4）醋酸发酵：向酒精发酵好的汁液中加入醋酸菌，温度控制为80~90℃，保温30~40分钟，搅拌均匀，发酵4~6天，制得火龙果果醋原浆。

（5）均质，罐装，灭菌：将果醋原浆进行均质处理，之后罐装，灭菌，密封。

五、食用注意

（1）由于火龙果性寒，女性在经期时应避免过多食用。

（2）火龙果不易贮存，最好现买现吃。如需保存，最好贮存在阴凉通风处。

火龙果的传说

很久很久以前，有一对老夫妻居住在山上。一天下午，一阵响雷滚过，一道闪电在空中炸开，就像一条蛟龙在天际舞动。豆大的雨点从天而降，打得房子摇摇欲坠。天终于晴了，小鸟清脆的叫声唤起了无限生机，其间还夹杂着几声孩子的哭闹声。带着疑惑，老公公打开了门，挂在屋檐下的大篮子不知什么时候被刮落在地上，篮子里竟躺着一个小娃娃。小娃娃长得白白胖胖的，一双黑漆漆的眼睛滴溜溜地转个不停。

“谁家的娃娃呀，长得好可爱!”老公公伸手抱起娃娃，娃娃笑了。“笑了，笑了。老太婆快来呀!”“好可爱的娃娃呀。”老婆婆眼都看直了。

这个娃娃胖嘟嘟的红脸蛋，高而挺的小鼻梁，两个小酒窝若隐若现，只是额头上有着两个鼓鼓的小包。娃娃身上穿的衣服也很奇特，一块块六边形的红布由绿色的布条连接。但看不到边缝，猛一看，就好像龙鳞长在娃娃的身上。“真像个龙娃。”“那就叫他龙娃吧。”龙娃一天天长大，仅几个月便满地跑了。长大了的龙娃很乖巧，看老爷爷种菜他浇水，看老奶奶烧饭他烧火，可就是不开口。

一年很快过去了，龙娃长成了一个小伙子，他总是喜欢半夜起来看星星。夏天又到了，一日，看了一晚上星星的龙娃显得很不安。第二天一大早起来，龙娃不顾老奶奶和老爷爷的劝阻，不停地干活，把房子里里外外加固了一遍。

刚吃过午饭，天突然变黑了，雷声大作，大雨倾盆而下，老两口吓得依着龙娃簌簌发抖。

雨越下越大，房子快要支撑不住了。龙娃腾空而起，变成一条蛟龙从窗口蹿出，用身子挡住了暴雨的袭击。爪子就像四根柱子一样牢牢地撑在地上。

暴雨被龙娃挡住了，可山上冲下来的泥水太大了，房子随时都有被卷走的可能。龙娃用牙齿把露在衣服外的龙鳞扯了下来，扔在房子的四周，每撕下一片鳞片，就疼得直打哆嗦。龙鳞像防水坝似的挡住了泥水的冲击，老爷爷和老奶奶在房里安然无恙。风停了，雨止了，看着蛟龙身上渗出的血水，老奶奶心疼得掉泪。太阳出来了，龙娃抬头看着彩虹，一声长啸，腾空而起，转眼到了半空。龙娃在房子上空盘旋了几圈，用爪子把身上的衣服撕成几片，抛下来后飞入云层不见了。

龙娃的衣服变成了几棵奇特的小树苗，长在房子的四周。没过多久，小树倒垂下来的绿枝条上开出了白花，花谢后又结出了奇异的果子。摘下一个切开，可以看到雪白的果肉里嵌着芝麻大小的籽，还有着一股清新淡雅的芳香，这果实是龙娃送给老爷爷和老奶奶的长寿吉祥果，后人称它为火龙果。

番石榴

丘陵荒地寄凡身，沐雨迎风几度春。
聚伞白花堪养目，甘甜青果可怡神。
佐餐每使千家乐，入药长教万代珍。
名字加番引奇想，一番奇想一番新。

——《咏番石榴》（现代）霍庆来

一、食材基本特性

拉丁文名称，种属名

番石榴（*Psidium guajava* Linn.），桃金娘目、桃金娘科、番石榴属植物，常绿落叶小乔木，又名芭乐、番桃、黄肚子、花稔、秋果、番稔等。

形态特征

番石榴植株高达13米；树皮平滑，灰色，呈片状剥落；嫩枝有棱，被毛。叶片革质，长圆形至椭圆形，先端急尖或者钝，基部近圆形，上面稍粗糙，下面有毛，侧脉常下陷，网脉明显；叶柄长5毫米。花单生或者2~3朵排成聚伞花序；萼呈管钟形，有毛，萼帽不规则裂开；花瓣为白色。浆果为球形、卵圆形或梨形，果肉为白色及黄色，肉质，淡红色。番石榴果实成熟后发出特殊香味，清爽可口，果皮为浅绿色，果肉多籽，根据品种不同呈白色或者红色。

习性，生长环境

番石榴原产于美洲热带，16至17世纪传播至世界热带及亚热带地区，17世纪末传入我国。

全世界番石榴有70多个品种，我国约有20个品种，产地主要集中在台湾、海南、广东、广西、福建、江西、云南等省（自治区）。番石榴主要生长在荒地或低丘陵上，适合热带气候，怕霜冻。夏季适宜平均生长温度需在15℃以上。对土壤要求不严，以排水良好的砂质壤土、黏壤土栽培生长较好，适宜的土壤pH值为4.5~8。

二、营养及成分

每100克番石榴部分营养成分见下表所列。

碳水化合物	9.9克
膳食纤维	5.1克
蛋白质	0.6克
维生素C	220毫克
磷	16毫克
镁	8毫克
钠	3毫克
维生素E	0.3毫克
铁	0.1毫克
维生素B_6	0.1毫克

三、食材功能

性味 性甘、涩，性平。

归经 归大肠经。

功能

（1）促进肠道代谢，预防便秘。番石榴中含有丰富的膳食纤维，可促进肠道代谢，预防便秘和结肠癌的发生。

（2）降低血糖。番石榴含有较多的芳香类代谢产物，这些物质对降低血糖、血脂有奇效。

（3）抑菌作用。番石榴的叶子和果实提取物具有广谱抗菌性，尤其是针对沙门氏菌、溶血葡萄球菌等多种致病菌具有抑制活性作用。

（4）抗感染消炎作用。番石榴果实提取物可以抑制细胞中环氧化酶活性以及降低细胞炎症因子的含量，从而起到抗感染作用。

（5）抗糖化功能。番石榴中含有的番石榴多糖具有抗糖化活性，能够预防糖分摄入过多引起的糖化现象。

四、烹饪与加工

生食

直接食用。

番石榴果汁

（1）材料：番石榴2个，冰块适量。

（2）做法：将番石榴榨汁，加入冰块即可。

（3）特点：清凉解暑。

番石榴果汁

番石榴果泥

（1）材料：番石榴、红糖。

（2）做法：将番石榴、红糖放入锅中，大火熬制，即可。

番石榴果泥

番石榴风味软糖

（1）预处理：取番石榴，洗净，切成碎段，再放入装有60～100目网筛的打浆机进行打浆，制得番石榴原浆。

（2）熬糖：取适量水倒入不锈钢容器中，烧开，加入白砂糖，混合搅拌均匀，用中火进行熬煮，待其完全溶化后改小火继续熬煮，直至糖液变浓稠，制得糖液。

（3）配料：取糖液、番石榴原浆，混合搅拌均匀，小火加热3～5分钟，后进行冷却，加入食用柠檬酸混合搅拌均匀，制得混合糖液。

（4）成形，包装：向模具中倒入混合糖液，待冷却至软硬适中时，取出；将成形的芭乐风味木奶果软糖用食品级包装物进行包装。

五、食用注意

（1）习惯性便秘、阴虚内热、平时易上火者慎食番石榴。

（2）番石榴含有鞣酸，不宜空腹食用。

番石榴的传说

传说，很久很久以前，在台湾阿里山上住着一个勤劳勇敢、忠厚老实的农民，他对年迈的母亲十分孝顺，每天都要到很远的山上砍柴，回来换得一些吃的，娘儿俩就以此为生。

有一天，他进入山中，正寻树砍柴，忽然，他发现离他不远处有一只小白鹿正在低头吃草。只见那白鹿全身无一杂毛，在阳光的照耀下发出闪闪银光。他很奇怪，他在这座山上砍了十几年柴了，可从来没见过鹿。他好奇地走过去看。哪知，那只小鹿见他走来，就转身往前走去，他跟在小鹿的后面，他停下来，鹿也停下来，他往前走，鹿也往前走。就这样，也不知走了多少路。后来，小白鹿走到一个山洞前停下来，它朝着这位年轻的农民看了看，接着又点了点头，就钻进山洞里去了。

这个农民越发感到奇怪，一心想看个究竟，就急忙跑到山洞前。这个山洞洞口不大，只能钻进一个人，可里面很深，黑乎乎的。当他钻进头去，只见前面不远处有团银光，原来是小白鹿正在为他引路。他借着小鹿的光，进了山洞，跟着小白鹿朝前走。不大工夫，前面豁然开朗，有山有水，有树有花，宛如仙境。

那小鹿把他引进一家庭院，一位鹤发老人从屋里走出，满面喜色地对他说："昨天我就猜到你会来，今日特叫小鹿为你引路。你的孝行早就被人们传颂，今日你能光临舍下，欢迎之至！希望你能在这儿常住下去，替我看管这里的奇花异草，还有开着美丽花朵的番石榴，不是很不错吗？"那年轻农民听了老翁刚才的这番话，顿感不安，连忙向老翁施礼说："仙翁这里确非人间能比，但要我在此长住，万万不成，因我母亲多病，日夜要我服侍，仙翁之命，难以听从啊！”老人一边倾听着这位青年的陈述，一边用手捻须微微点头，知道他孝母之心一片真诚，就对他说：“如果你执意不留，为表示我的敬意，把这盆番石榴送给你。”

青年农民辞了老翁，带上那盆番石榴就出了洞口，待他再回头看时，山洞已无。他回到家后，把番石榴栽在后院中，没几天，就结了几个好大好大的番石榴。

莲雾

洋红发亮略相遭，清脆甘爽韵最高。
外婆根在爪哇国，华夏乳名紫蒲桃。

——《莲雾》（现代）陈若霖

一、食材基本特性

拉丁文名称，种属名

莲雾［*Syzygium samarangense*（Bl.）Merr. et Perry］，桃金娘目、桃金娘科、蒲桃属植物，乔木，又名洋蒲桃、爪哇蒲桃、辇雾、琏雾、水翁果、水蒲桃、南无等。

形态特征

莲雾植株高12米；叶片为薄革质，椭圆形至长圆形，长10~22厘米，宽5~8厘米，先端钝或稍尖，基部变狭，圆形或微心形，上面干后变黄褐色，下面多细小腺点，侧脉有14~19对，以45度开角斜行向上，离边缘5毫米处互相结合成明显边脉，另在靠近边缘1.5毫米处有1条附加边脉，侧脉间相隔6~10毫米，有明显网脉；叶柄极短，有时近于无柄。聚伞花序顶生或腋生，有花数朵；花为白色，花梗长约5毫米。果实呈梨形或圆锥形，肉质，洋红色，发亮，长4~5厘米，顶部凹陷，有宿存的肉质萼片；有种子1颗。

习性，生长环境

莲雾起源于马来西亚和印度。17世纪传入我国台湾，后传入海南、广东、广西、福建和云南。花期在3—4月，果实在5—6月成熟。莲雾适应性强，粗生易长，性喜温暖，怕寒冷，适宜生长温度为25~30℃，喜好湿润的肥沃土壤，但对土壤条件要求不严，可以在沙土地、红壤地、黏土地，又或者在碱性的土壤中生长。此外，也具有一定的耐涝性。

二、营养及成分

每100克莲雾部分营养成分见下表所列。

碳水化合物	12.4克
蛋白质	0.7克
钾	55毫克
镁	35毫克
钠	26毫克
钙	12毫克
维生素C	12毫克
磷	12毫克
铁	1.1毫克

三、食材功能

性味 味甘，性平。

归经 归肺、胃、大肠经。

功能

（1）补充水分。莲雾是一种含水量极高的水果，富含维生素C，食用后有很好的补水效果。同时其果皮富含花青素，能够消除体内有害的自由基。

（2）放松肌肉和神经。莲雾富含镁和钙，两者共同作用可以放松肌肉和神经，从而使身心放松。

（3）消水肿。莲雾中含有一定的钾盐，这种成分进入人体后，能够排出多余的水分，起到消水肿的作用，同时莲雾的含水量很高，具有很好的利尿效果。

（4）开胃，促消化。莲雾中含有一定的有机酸成分，能够促进人体消化腺的分泌，增加人的食欲，促进消化。

四、烹饪与加工

蒸食

（1）做法：将新鲜莲雾放入蒸锅中大火烧开后再转小火蒸，蒸熟后直接食用。

（2）特点：口味绵软，果香浓郁。

凉拌莲雾

（1）材料：莲雾、芹菜、黄瓜、胡萝卜，醋、生抽、芝麻油少许。

（2）做法：将上述材料（莲雾、芹菜、黄瓜、胡萝卜）切丝，加入少许的醋、生抽等调匀，最后加入适量芝麻油进行增香提味。

莲雾果蔬汁

（1）材料：莲雾2个，胡萝卜1根，蜂蜜少许，冰糖少许。

莲雾果蔬汁

（2）做法：将莲雾、胡萝卜洗净，切块，放入榨汁机中进行快速榨汁，加入适量的蜂蜜和冰糖进行调味。

莲雾水果保健酒

（1）选材：挑选新鲜、无病害的莲雾，经清洗沥干水分，作为备用原料。

（2）预处理：将莲雾果实进行臭氧紫外线消毒，将消毒好的莲雾果实进行压榨过滤。

（3）成品：将过滤好的莲雾果汁与白酒勾兑配制，配制好后放到容器中密封保存1个月后即制成。

（4）特点：口感饱满，酸甜适中，果香浓郁。

莲雾水果保健酒

五、食用注意

（1）莲雾具有明显的利尿作用，小孩子不能过多食用，否则容易遗尿。

（2）莲雾是一种性质寒凉的水果，正处于月经期的女性不适合食用莲雾，否则会引发经期腹痛。

延伸阅读

一只神鸟

相传，很久很久以前，有一只长着金色翅膀的小鸟，掉进了一家庭院里。原来，它在空中飞的时候被人用箭射穿了翅膀。射它的人还在它的身后叫着、追着，看它掉进了庭院里，就要砸门冲进来抓它。听到喧闹声，一个小姑娘走出来，看到了挂在树枝上的小鸟，于是小心翼翼地把它取下来，用草盖住。砸门的人没有找到小鸟，骂骂咧咧地走了。小姑娘赶紧抱出小鸟，拿出药水和纱布给小鸟清洗、包扎伤口，她一边操作一边说："别怕，我轻轻地给你弄。"就这样，她每天给小鸟喂食、换药、清理，经过十几天的精心治疗、照看，小鸟终于康复了。

痊愈了的小鸟要飞走了，离去之前它依依不舍地在小姑娘头顶上盘旋了好几圈。过了几天，小鸟又飞回来了，它的嘴里还衔着一粒彩色的种子。小鸟把种子放在小姑娘的手里，然后口吐人言："谢谢你救了我，送你一粒九天之上的种子，它会给你带来幸运的。"说完小鸟用翅膀拂了拂小姑娘的脸颊，飞走了。原来，小姑娘救的是一只神鸟。

小姑娘把这粒彩色的种子种到了地里，不久这粒彩色的种子就发芽、抽枝，长成了一棵大树，并结出了许多红色、香甜的果实，这种果实就是莲雾。莲雾果实娇贵、诱人、灵动，给善良的人们带来了幸运和能量。

菠萝

移来西域种多奇，常绿草本掩映时。
一年能结三期果，令人垂涎香生姿。

——《菠萝》（清）旺时峰

一、食材基本特性

拉丁文名称，种属名

菠萝［*Ananas comosus*（Linn.）Merr.］，凤梨亚目、凤梨科、凤梨属植物，多年生常绿草本，又名凤梨、草菠萝、地菠萝等。

形态特征

菠萝的植株茎短。叶多数，莲座式排列，剑形，长40～90厘米，宽4～7厘米，顶端渐尖，全缘或有锐齿，腹面为绿色，背面为粉绿色，边缘和顶端常带褐红色，生于花序顶部的叶变小，常呈红色。花序于叶丛中抽出，状如松球，长6～8厘米，结果时增大；花瓣为长椭圆形，端尖，长约2厘米，上部为紫红色，下部为白色。聚花果为肉质，长15厘米以上。菠萝的果实是由整个花序螺旋排列，聚合而成的。

习性，生长环境

菠萝原产于巴西，目前分布在泰国、菲律宾、印度尼西亚、越南、巴西和美国等；在我国广东、海南、广西、福建、云南等省（自治区）均有栽培。菠萝性喜温暖，主要生长在南北回归线之间的区域。它的适宜生长温度是24～27℃，耐旱性强，在年降雨量500～2800毫米的地区均能生长，而以1000～1500毫米且分布均匀为最适。菠萝对土壤的适应性较强，但由于根系浅生好气，故以疏松、排水良好、富含有机质、pH值为5～5.5的砂质壤土或山地红土为好，瘠瘦、黏重、排水不良的土壤均不利于菠萝生长。

二、营养及成分

菠萝含有多种维生素和多种矿物质。另外，菠萝含有多种有机酸及菠萝蛋白酶等。每100克菠萝部分营养成分见下表所列。

碳水化合物	8.5克
纤维	1.2克
蛋白质	0.5克
脂肪	0.1克
钾	126毫克
维生素C	27毫克
钙	20毫克
磷	6毫克
钠	1.2毫克
铁	0.2毫克
锌	0.1毫克
维生素B_3	0.1毫克
胡萝卜素	0.1毫克

三、食材功能

性味 味甘、微酸，性微寒。

归经 归脾、肾经。

功能

（1）补充水分。菠萝是一种含水量十分高的水果，每100克菠萝约含有87.1克的水分，因而可以很好地帮助人体补充水分，既能解渴，又有利尿的作用。

（2）提高人体免疫力。菠萝中含有丰富的维生素C，维生素C可促进抗体的形成，进而提高人体的免疫力。

（3）开胃消食。菠萝所含的芳香成分，可促进唾液分泌，增加食欲。

（4）利尿消肿。菠萝中所含有的糖、矿物质及酶有利尿消肿的功效，常服新鲜菠萝汁对高血压症有益，也可用于肾炎水肿、咳嗽多痰等症。

（5）促进肠胃蠕动。菠萝中的菠萝蛋白酶能有效地分解食物中的蛋白质，促进肠胃蠕动。

四、烹饪与加工

生食

将菠萝洗净，切片，用凉盐水浸泡后可直接食用。

菠萝饭

（1）材料：熟米饭1碗，青豆50克，玉米50克，菠萝200克，植物油、盐、味精、生抽少许。

菠萝肉

（2）做法：挖出菠萝果肉，切丁；在炒锅中倒入少量植物油烧热，下入菠萝丁、青豆和玉米翻炒，下入熟米饭，加盐、味精、生抽翻炒均匀；将炒好的米饭盛入菠萝皮中，装盘。

菠萝干

（1）原料选材：选择无病虫害、无机械损伤、成熟的新鲜菠萝，备用。

（2）预处理：将新鲜菠萝于流动水中除净泥沙污物，去皮后，切成5~8毫米的片状并立即置于护色液中浸泡5~10分钟，得护色菠萝片。

（3）干燥：将上述护色菠萝片先冷冻处理，然后取出，解冻备用；将菠萝片置于烘烤设备中，采用热风逆流变温烘干法进行烘干处理，然后冷却到室温，即得到干燥果片。

（4）成品：将上述干燥果片中的焦片、碎块等不合格产品挑出，进行分级、真空包装。

菠萝啤酒

（1）材料准备：将菠萝洗净后去皮，切块，备用；加入蔗糖、柠檬酸钠，进行榨汁。

（2）糖化：将大麦芽在30~40℃下干燥5小时，然后在90~100℃下进行膨化，然后将膨化后的大麦芽干燥后粉碎，加水，在68~70℃下搅拌糖化1~2小时后，加入上述所得混合果汁，继续搅拌1~2小时，过滤。

（3）发酵：将上述的所得物煮沸25~30分钟，然后加入酒花，继续煮沸20~30分钟，然后将所得物置于70~80℃、1.5~2.5兆帕下放置2~3小时后，过滤，然后向所得物中加入啤酒酵母，搅拌均匀后，置于29~32℃下发酵5~8天即可。

菠萝啤酒

五、食用注意

（1）未做加工及处理的菠萝不宜食用。

（2）对菠萝汁类食物过敏的人群应禁止食用。

传说故事

“番鬼望菠萝”的传说

进入南海神庙，就会看到东部有一座穿着中国人衣装的外国人泥塑像。他左手举在额头上遮眉，向远方眺望，他就是来自西域的朝贡使者达奚司空。

在唐朝贞观年间，有一艘来自西域的商船沿海上丝绸之路来到中国，回程时经过南海神庙，就在此地停泊休息。船上有一个来自印度摩揭陀国的朝贡使者，名叫达奚司空，是一名很虔诚的信徒。他随船员们上岸，到南海神庙祭祀完后，又在庙前的空地上种下了两棵从故乡带来的菠萝树种苗。可等他播种好了回到码头时，商船已经开走了，原来船上的人把他忘记了。达奚司空十分伤心，长久地站立在海边痛哭，想念他的故乡，他的亲人。达奚司空日夜远望来时路，希望他的同伴们会回来接他。可惜日复一日的等待总是落空，他最后变成了一块化石，屹立在南海边。

人们为了感谢达奚司空带来了菠萝树种苗，就在神庙里立起了他的塑像以作纪念。因为他在庙里的塑像站立的姿势像在望着他亲手种植的菠萝，所以民间又有了“番鬼望菠萝”之说。后来，南海神庙也被称为菠萝庙，南海神诞也被称为菠萝诞，甚至连庙附近的扶胥江也被称为波罗江。

菠萝蜜

硕果何年海外传，香分龙脑落琼筵。
中原不识此滋味，空看唐人异木篇

——《菠萝蜜》（明）王佐

一、食材基本特性

拉丁文名称，种属名

菠萝蜜（*Artocarpus heterophyllus* Lam.），荨麻目、桑科、波罗蜜属植物，常绿乔木，又名波罗蜜、苞萝、木菠萝、树菠萝、大树菠萝、蜜冬瓜、牛肚子果等。

形态特征

树高10~20米，胸径达30~50厘米；托叶抱茎呈环状，遗痕明显。叶呈革质，螺旋状排列，椭圆形或倒卵形，长7~15厘米或更长，宽3~7厘米，先端钝或渐尖，基部为楔形，成熟之叶全缘。花雌雄同株，花序生于老茎或短枝上。聚花果呈椭圆形至球形，或不规则形状，幼时为浅黄色，成熟时为黄褐色，表面有坚硬六角形瘤状凸体和粗毛；核果呈长椭圆形。花期在2—3月。

习性，生长环境

菠萝蜜是世界上最大最重的水果，果实肥厚柔软，口味清甜，被誉为“水果皇后”。菠萝蜜生长于热带地区，1000多年前传入我国。目前在我国的广东、广西、福建以及台湾等地均有栽培。菠萝蜜树在热带地区全年都能开花结果，花开后6个月左右果实才会成熟。菠萝蜜主要生长在海拔较低的区域。菠萝蜜喜光，生长迅速，对土壤的要求不严格，但在土质疏松、土层深厚肥沃、排水良好的轻沙土壤中生长良好。菠萝蜜的生长过程需要充足的水分，以年降雨量在1800~2500毫米且分布均匀为好。

二、营养及成分

每100克菠萝蜜部分营养成分见下表所列。

碳水化合物	21.4克
糖分	20.6克
蛋白质	1.3克
脂肪	0.3克
钾	350毫克
维生素A	171毫克
钙	26毫克
磷	38毫克
维生素C	10毫克
钠	3毫克
锌	0.6毫克
锰	0.2毫克
维生素B_6	0.1毫克
维生素B_1	0.1毫克

三、食材功能

性味 味甘、微酸，性平。

归经 归胃、大肠经。

功能

（1）滋补益气。菠萝蜜热量较高且含有丰富的营养物质，食用后可增强人体的免疫力，预防疾病的发生。

（2）分解脂肪。菠萝蜜中富含钾元素、铁元素等矿物质，含多种脂溶性维生素，能够有效分解体内的脂肪。

（3）滋养身体。菠萝蜜中所富含的维生素A和维生素B族，能够有效滋养身体。

（4）预防感冒。菠萝蜜具有清热降温、消炎等功效，对于感冒或者发烧有很好的预防和缓解功效。

四、烹饪与加工

菠萝蜜果肉蒸蛋

（1）材料：菠萝蜜果丁50克，牛奶100克，鸡蛋1个。

（2）做法：在碗中加入鸡蛋和牛奶，搅拌调匀，再加入菠萝蜜果丁混合，放于锅内蒸10分钟即可。

菠萝蜜糯米饭

（1）材料：糯米肉粽（熟）1只，菠萝蜜果肉10个。

（2）做法：将粽子塞入去核的菠萝蜜果肉里，再放在蒸屉上蒸10分钟；取出摆盘。

菠萝蜜丝炒肉

（1）材料：五花肉、菠萝蜜、胡萝卜、青椒、葱、姜、蒜，生抽、淀粉、盐、鸡精、植物油少许。

（2）做法：将五花肉切片，用生抽、淀粉腌一下；将所有食材切丝；在热锅中加植物油，将葱、姜、蒜爆香，加入腌好的肉翻炒至变色，最后加入菠萝蜜丝、胡萝卜丝、青椒丝炒熟，加盐、鸡精调味。

（3）特点：清香扑鼻，其中的肉丝更是口感爽滑，酸甜适口。

菠萝蜜果干

（1）选材：选择新鲜的菠萝蜜果实。

（2）干燥：洗净后取出果肉放入干净的碟子中干燥至脱水。

（3）成品：整形处理，最后进行包装。

菠萝蜜果干

五、食用注意

（1）糖尿病患者不能短时间内食用大量的菠萝蜜。

（2）过敏人群不能食用。

传说故事

床下结菠萝蜜

广东有一个传说：一个农户家门前种有一株菠萝蜜树。有一年，树上的菠萝蜜全部被摘完了，可是这户人家的屋内仍有一股醉人的菠萝蜜香味，而且经久不息。人们听说后，奔走相告，传说纷纷，大多数人认为菠萝蜜神入宅了，准备设三牲拜祭神明，祈求吉利。

正在此时，一个孩童踢球并将球滚入床底。他摸入床底取球，却抱出一个菠萝蜜来。一家人连忙掀开床细看究竟，原来是屋外的菠萝蜜树根穿墙入屋，伸入床底，在根上又结出了几个大菠萝蜜，难怪满屋弥漫着菠萝蜜的香甜味了。

红毛丹

海南韶子红毛王，撕破红皮白胖胖。
客来为说相识晓，慢咽徐收白玉浆。

——《红毛丹》（清）旺时标

一、食材基本特性

拉丁文名称，种属名

红毛丹（*Nephelium lappaceum* L.），无患子目、无患子科、韶子属植物，常绿乔木，又名海南韶子、毛荔枝、山荔枝等。

形态特征

红毛丹植株高10余米；小枝为圆柱形，有皱纹，灰褐色，仅嫩部被锈色微柔毛。叶连柄长15～45厘米，叶轴稍粗壮，干时有皱纹；小叶2或3对，很少1或4对，薄革质，椭圆形或倒卵形，长6～18厘米，宽4～7.5厘米，顶端钝或微圆，有时近短尖，基部为楔形，全缘，两面无毛。花序常多分枝，与叶近等长或更长，被锈色短绒毛；花梗短；萼呈革质，长约2毫米，裂片为卵形，被绒毛；无花瓣。果实为阔椭圆形，红黄色，连刺长约5厘米，宽约4.5厘米，刺长约1厘米。

红毛丹

习性，生长环境

红毛丹原产于马来半岛，目前主要分布在东南亚各国、美国夏威夷和澳大利亚；在我国台湾、福建、海南、广东、广西以及云南南部等地均有栽培。红毛丹的花期在2—4月，果期在6—8月。红毛丹主要生长在低海拔的山地，喜高温多湿的环境，其最适生长温度在24℃左右。红毛丹适合生长在土层深厚，富含有机质，肥沃疏松，排水、通气良好的土壤中，土壤pH值为4.5~6.5，以冲积土为最佳。

二、营养及成分

每100克红毛丹部分营养成分见下表所列。

碳水化合物	16.3克
蛋白质	1克
钾	230毫克
维生素C	78毫克
磷	15毫克
钙	14毫克
镁	10毫克
铁	1.2毫克
钠	1毫克
锌	0.6毫克
维生素B_2	0.1毫克

三、食材功能

性味　味甘、酸，性温。

归经 归脾、胃经。

功能

（1）清热解毒。红毛丹可以清心去火、清热除燥，能够帮助消除血液中的热毒，而且熬煮后的红毛丹树根也有此等功效。

（2）改善头晕，缓解低血压。红毛丹的果肉所含有的铁元素可以帮助红细胞合成血红蛋白，能够缓解头晕目眩之症。

（3）帮助清除自由基。红毛丹果皮含有大量没食子酸。这是一种自由基清除剂，有助于降低机体患癌风险和受到进一步氧化损伤的风险。

（4）促进消化。红毛丹中的高含量纤维有助于加快机体新陈代谢速率，防止便秘。而且红毛丹的热量很低，有助于减肥。

四、烹饪与加工

生食

用清水洗净剥壳后食用。味道酸甜，唇齿留香。

红毛丹虾球

（1）材料：大虾仁10个，红毛丹罐头1罐，胡椒盐10克，料酒5克，沙拉酱200克，植物油、白芝麻少许。

（2）做法：在虾仁中加入胡椒盐、料酒腌20分钟；把虾仁入油锅炸熟，沥油；取红毛丹果肉，放入油锅中过油；将炸好的虾球及红毛丹放入盘中，加入沙拉酱拌匀，撒上少许白芝麻即可。

红毛丹果酱粉

（1）原料预处理：挑选成熟、无病虫害的红毛丹，放入85℃的水中杀菌2分钟，杀菌后取出滤干。

（2）打浆，均质：将杀菌后的原料进行打浆处理，制成红毛丹果浆；在60℃、25兆帕的压力下均质处理。

（3）真空干燥：设定干燥曲线，抽真空至90帕干燥20小时得到红毛丹冻干品。

（4）粉碎，过滤：用破碎机将冻干半成品打成均匀的颗粒状；将粉碎好的红毛丹经过80目的筛网过滤，制得红毛丹果酱粉。

（5）包装：将红毛丹果酱粉包装检验后，在通风干燥环境中保存。

红毛丹保健果酒

（1）原料组成：以红毛丹为原料，辅以栝楼皮、荔枝核。

（2）加工工序：原料预处理，冷冻干燥，湿法粉碎，混合糖化，熟化，接种发酵，纯化，澄清，陈酿，杀菌，包装。

（3）功效：润肤养颜，清热解毒。

五、食用注意

（1）红毛丹性温，多食易上火，秋季应该注意适量食用。

（2）红毛丹的果核上有一层坚硬且脆的保护膜，和果肉紧密相连，人的肠胃无法消化这层膜，其会划破肠胃内壁，故食用时一定要将这层膜剔除干净。

传说故事

红毛丹的由来

相传，牛魔王与铁扇公主生有两子，长子叫红孩儿，次子叫红毛怪。红孩儿的功夫是口中有三昧真火，孙悟空大闹天宫时，他曾与孙悟空过不去，不打不相识，后二人成为好朋友。而红毛怪凭着全身能燃烧熊熊真火的功夫，手持九钩十八刃枪，不听哥哥红孩儿的忠告，准备要和孙悟空好好较量一番。

就在孙悟空大闹天宫时，红毛怪使出浑身解数，千方百计靠近孙悟空，意在先用真火烧去猴毛，后用九钩十八刃枪盘钩猴头吃猴脑。孙悟空识破了红毛怪的险恶用心，念动真言，举起金箍棒照准红毛怪的脑门当头一棒，把红毛怪的脑袋瓜打得粉碎，血伴着脑浆滴到地上，顷刻从土中长出树苗，开花结果。结出的果实红红的，圆圆的，像太上老君炉中炼就的仙丹刚出炉，外果壳是火焰般的红毛，故人们称这种果实为红毛丹。

荔枝

剖见隋珠醉眼开，丹砂缘手落尘埃。
谁能有力如黄犊？摘尽繁星始下来。

——《荔枝四首（其一）》
（北宋）曾巩

一、食材基本特性

拉丁文名称，种属名

荔枝（*Litchi chinensis* Sonn.），无患子目、无患子科、荔枝属植物，常绿乔木，又名丹荔、丽枝、离枝、火山荔、勒荔、荔支、荔果等。

形态特征

荔枝的植株高约10米，树皮呈深黑色；树枝呈红褐色，圆柱状，密生白色的皮孔。树叶长约20厘米；小叶2或3对，薄革质或革质，披针形或卵状披针形，长6～15厘米，宽2～4厘米，顶端骤尖或尾状短渐尖，全缘，腹面呈深绿色，有光泽，背面呈粉绿色，两面无毛。花序顶生，阔大，多分枝；花梗纤细，长2～4毫米，有时粗而短。果实呈卵圆形至近球形，长2～3.5厘米，成熟时通常呈暗红色至鲜红色；种子全部被肉质假种皮包裹。它的果皮呈鳞斑状突起，呈猩红色和深紫红色。春季和秋季开花，夏季和秋季结果。新鲜果肉呈半透明状并在汁液中凝结。它的味道鲜美，但不耐贮藏。荔枝与香蕉、菠萝和龙眼一起被植物专家称为“华南四大果品”。

习性，生长环境

荔枝起源于我国，其种植历史最早可追溯到汉代，17世纪末从中国传入缅甸，随即在世界范围内传播开来。目前，荔枝广泛种植于中南美洲、非洲的一部分及整个亚洲；在我国广东、广西、福建、海南、台湾、四川、云南、贵州和浙江等省均有栽培。荔枝的花期是3—4月，果期是5—7月。荔枝喜高温、高湿的环境，喜光向阳，其适宜生长温度为24～28℃；种植地区的年降水量至少要保持在1200毫米以上。荔枝对土壤的适应性很强，可在多种类型的土壤中生长，但以土层深厚、疏松透气、排水良好、富含有机质的肥沃土壤为最好。

二、营养及成分

每100克荔枝部分营养成分见下表所列。

碳水化合物	16.6克
蛋白质	0.9克
脂肪	0.2克
膳食纤维	0.5毫克
钾	151毫克
维生素C	41毫克
镁	12毫克
钙	2毫克
维生素A	2毫克
钠	1.7毫克
维生素B_3	1.1毫克
铁	0.4毫克
维生素B_1	0.1毫克
锰	0.1毫克

三、食材功能

性味 味甘、酸，性温。

归经 归脾、胃、肝经。

功能

（1）安神养心。鲜嫩的荔枝肉中含有丰富的铁，能有效地促进人体血红蛋白的再生，起到养心安神的食疗保健作用。

（2）止呃逆，止腹泻。荔枝甘温健脾，并能降逆，是顽固性呃逆及五更泄者的食疗佳品。

（3）生津止渴，益肝补脾。荔枝果肉香甜汁多。夏季炎热，人的胃口略有不佳，食用些荔枝可改善食欲不振情况。

（4）增强免疫力。荔枝肉含丰富的维生素C和蛋白质，有助于增强机体的免疫力，提高抗病能力。

（5）补充体能，改善疲劳。荔枝富含葡萄糖、果糖等糖类成分，经常食用可补充体能，改善身体疲劳。

四、烹饪与加工

生食

荔枝经剥皮后可直接生食，酸甜可口。

荔枝生食

红枣荔枝燕窝羹

（1）材料：燕窝1盏，荔枝2颗，红枣4～5颗，石蜂糖1颗。

（2）做法：将上述所有材料一起炖热。

（3）功效：补血益气。

黄金爆浆荔枝

（1）材料：荔枝15个，芝士1片，鸡蛋1个，玉米淀粉20克，面包糠20克，植物油适量。

（2）做法：将荔枝去核，把芝士切小块填满荔枝肉；在荔枝表面滚上一层干淀粉，再裹上一层蛋液，最后裹上一层面包糠；在热锅中倒油，油温160℃左右放入荔枝，炸至表皮金黄即可捞出。

荔枝酒

（1）原料选材：选择大小均匀、无机械损伤和无病虫害的新鲜荔枝作为原料。

（2）预处理：去核剥皮，得荔枝果肉；将上述荔枝果肉进行榨汁得混合果汁，向所述混合果汁中加入果胶酶，酶解后过滤，得荔枝汁。

（3）调配：加入果糖和葡萄糖混合均匀，再加入柠檬酸使所述前处理荔枝汁酸化，然后在350～360兆帕的压力下保压，得调配汁。

（4）发酵：在上述调配汁中接种酵母菌，于19～21℃下发酵一段时间后，澄清，得酒液；将上述酒液进行3个月的陈酿，即可得到所述荔枝酒。

（5）特点：香气细腻，留香持久，回味甘甜。

五、食用注意

（1）不宜多食荔枝。

（2）睡眠质量差的人晚上少食荔枝。

（3）糖尿病患者少食荔枝。

传说故事

白居易与荔枝核

说到荔枝核，还有一段和诗人白居易有关的故事呢。

有一天，白居易在家中修改诗稿，有位南方诗友来看望他，还带来一些刚成熟的荔枝。于是两人一边说诗，一边吃荔枝，把吃剩的核放在了桌子上。白居易的妻子看见荔枝核，觉得像黑珠子，非常有趣。

一个月后，白居易受凉得了疝气，其妻到一个有名的郎中家取药，见郎中给的药很像荔枝核，就问是不是。郎中赞她竟认得这东西。白居易喝了用荔枝核煎的水后，没过几天，疝气病就好了。后来，白居易到京城居住，将这件事告诉了一个御医，御医在编修医书时，就收集了荔枝核的功效。于是，荔枝核成为一味常用中药，流传了下来。

龙眼

幽株旁挺绿婆娑，啄咂虽微奈美何。
香剖蜜脾知韵胜，价轻鱼目为生多。
左思赋咏名初出，玉局揄扬论岂颇。
地极海南秋更暑，登盘犹足洗沉疴。

——《龙眼》（南宋）刘子翚

一、食材基本特性

拉丁文名称，种属名

龙眼（*Dimocarpus longan* Lour.），无患子目、无患子科、龙眼属植物，常绿乔木，又名龙目、比目、桂圆等。

形态特征

龙眼的植株高通常10余米；小枝粗壮，被微柔毛，散生苍白色皮孔。叶连柄长15～30厘米或更长；小叶4～5对，薄革质，长圆状椭圆形至长圆状披针形，两侧常不对称；小叶柄长通常不超过5毫米。花序为大型，多分枝；花梗短；萼片近革质，三角状卵形；花瓣为乳白色，披针形，与萼片近等长，仅外面被微柔毛；花丝被短硬毛。果近球形，通常呈黄褐色，有时呈灰黄色，外面稍粗糙，或少有微凸的小瘤体；种子呈茶褐色，光亮，全部被肉质的假种皮包裹。花期在春夏间，果期在夏季。

习性，生长环境

龙眼主要分布于亚洲南部和东南部；在我国福建、台湾、海南、广东、广西、云南、贵州、四川等地均有栽培。龙眼的花期是3—6月，果期是7—8月。龙眼是典型的亚热带果树，喜温暖湿润气候，适合生长在年降水量1000～1600毫米的地区。其适宜生长温度为24～26℃，对土壤适应性强，在各种类型的土壤中都能生长，在土层深厚、肥沃、疏松透气、排水良好、pH值为5.5～6.5的地方生长良好。

二、营养及成分

每100克新鲜龙眼部分营养成分见下表所列。

碳水化合物	16.2克
蛋白质	1.2克
脂肪	0.1克
维生素C	60毫克
磷	30毫克
钙	13毫克
镁	10毫克
维生素B_3	1毫克
锌	0.4毫克
铁	0.2毫克
铜	0.1毫克

三、食材功能

性味 味甘，性温。

归经 归心、脾、胃经。

功能

（1）益气补血，增强记忆。龙眼含丰富的葡萄糖、蔗糖及蛋白质等，含铁量也较高，可在提高热能、补充能量和营养的同时，促进血红蛋白再生以补血。此外，龙眼肉对脑细胞特别有益，能增强记忆，消除疲劳。

（2）降脂护心，延缓衰老。龙眼肉可降血脂，增加冠状动脉血流量。对与衰老过程有密切关系的黄素蛋白生成有较强的抑制作用。

（3）宁心安神。龙眼含有铁、钾元素，能促进血红蛋白的再生以治疗因贫血造成的心悸、心慌、失眠、健忘。龙眼中含较多的维生素B_3，可用于治疗因维生素B_3缺乏而造成的皮炎、腹泻、痴呆，甚至精神失常等症。

生食

剥壳后可直接食用，味道甘美。

龙眼红枣小米羹

（1）材料：新鲜龙眼10颗，红枣10颗，红豆100克，小米250克。

（2）做法：将上述材料一起熬煮。

（3）功效：补气血，安神养心。

龙眼红枣小米羹

龙眼蒸蛋

（1）材料：鸡蛋1个，新鲜龙眼10颗，黑芝麻汤圆馅50克，枸杞少许。

（2）做法：在碗中放入鸡蛋、处理好的龙眼、黑芝麻汤圆馅，从边沿加入少量水，鸡蛋和水的比例为2：1；上锅蒸，开锅后再蒸8分钟左右直至蛋黄熟透，关火。加入几粒枸杞，加盖放置2分钟即可。

菠萝龙眼汤

（1）材料：龙眼适量，菠萝1个，冰糖、盐适量。

（2）做法：将菠萝切小块用盐水泡20分钟，取出用清水冲洗；将适量水烧温，放菠萝果肉，继续将水烧开；倒入处理好的龙眼；保持大火烧开，加入冰糖，转小火焖15分钟即可。

五、食用注意

（1）新鲜的龙眼容易导致内热，年轻强壮的人应该少食。

（2）大便干燥、小便红黄、口干、内阴虚热的人不宜食用龙眼。

（3）感冒初期最好不食龙眼。

传说故事

龙眼的传说

很久以前，大海边有个村庄，庄上有一个胆大又英俊的青年名叫桂圆。他自幼失怙，独自一人以下海打鱼为生。海里有条恶龙，每到中秋节那天，就出来伤人。乡民们非常恨它，一心想要除掉这个祸害。

有一天，桂圆和乡民们终于想出了一条妙计。他们在海边挖了口很深的陷阱，等到中秋节那天，又在岸边放了好多用浓酒浸透的猪肉。不多时，恶龙果然出现，只见它长千余尺，电目血舌，朱鳞火鬣，张牙舞爪，甚是骇人！恶龙大摇大摆地来到岸边，以为乡民们学得乖了，用猪肉来“孝敬”它，也没多想一口吞下猪肉。不久酒性发作，恶龙就躺在海滩上不动了。

压抑已久的乡民们纷纷用刀愤怒地砍向恶龙。恶龙痛醒，发疯似的扑向乡民。桂圆眼疾手快，挺身而出，用钢叉一下子刺瞎了恶龙的右眼。恶龙疼痛难当，落荒而逃。桂圆猛扑上去，跨上龙颈，用全身力气一匕首又挖下了恶龙的左眼。

恶龙顿时紧紧箍住桂圆，发疯似的报复。桂圆就在沙滩上反复地和恶龙翻滚扭打，只听“扑通”一声，最后他们全部都摔进了陷阱。当大家把桂圆救起时，他已永远地闭上了双眼，但他的双手仍紧紧地握着一对龙眼。

乡民们含泪把桂圆安葬了，并把一对龙眼也葬在桂圆的身边。后来，在埋龙眼的地方又长出一棵树来，不久就结出了鲜甜的果子，乡民们就把它称作龙眼。后来人们为了纪念英雄桂圆，又把龙眼称为“桂圆”。

西瓜

碧蔓凌霜卧软沙，年来处处食西瓜。
形模濩落淡如水，未可蒲萄苜蓿夸。

——《西瓜园》（南宋）范成大

一、食材基本特性

拉丁文名称，种属名

西瓜［*Citrullus lanatus*（Thunb.）Matsum. et Nakai］，葫芦目、葫芦科、西瓜属植物，一年生藤本植物，又名寒瓜、夏瓜、打瓜、水瓜、洋瓜等。

形态特征

成熟的西瓜以瓜形端正，瓜皮坚硬饱满、花纹清晰，表皮稍有凹凸不平的波浪纹，以指轻弹时声音刚而脆为佳。西瓜按成熟期的先后可以细分为早、中、晚三种瓜；以西瓜的形态来区分，有圆、椭圆、枕形瓜；以瓜皮颜色来区分，可以细分为黑、白、青、花和核桃皮瓜；按瓜瓤的颜色可分为大红瓤、白瓤、黄瓤、淡红瓤瓜等。

西　瓜

习性，生长环境

西瓜主要分布于热带和温热的地区；在我国各地栽培，以新疆、兰州、德州、溧阳等地最为有名。西瓜的花期是在6月份左右。西瓜喜温暖、干燥的气候，不耐寒，不耐湿，阴雨天多时，湿度过大，易感病。其适宜生长温度为24～30℃。西瓜在生长发育过程中需要较大的昼夜温差，以便积累糖分。西瓜生育期长，需要大量的养分。西瓜适合生长在排水良好、土质疏松、土层深厚的偏酸性土壤中。

二、营养及成分

西瓜味道甘甜多汁，清爽解渴，是盛夏佳果。西瓜的瓜瓤中含有大量糖类，其中果糖含量最高。西瓜中含有少量的番茄红素、瓜氨酸、维生素C等活性成分。每100克西瓜部分营养成分见下表所列。

碳水化合物	4.2~6.1克
瓜氨酸	223毫克
番茄红素	4.9毫克
维生素C	3.8毫克

三、食材功能

性味 味甘、淡，性寒。

归经 归心、肺、脾、胃经。

功能

（1）解暑生津，除烦止渴。西瓜清甜多汁，口感爽脆，适用于暑热烦躁、口舌长疮、消渴多饮等症。

（2）保持骨骼健康。西瓜中含有很多的番茄红素，能够有效帮助改善骨骼状况，保持体内的钙含量，起到强壮骨骼的作用。

（3）利尿，消水肿。西瓜水分含量多，且有着能促进血液循环的氨基酸，有助于消水肿。

（4）利于减肥。西瓜中的瓜氨酸能够减少体内脂肪的堆积。此外，吃西瓜容易产生饱腹感，从而减少食物摄入，有利于减肥。

四、烹饪与加工

生食

可直接食用西瓜果肉。

西瓜汁

（1）做法：将新鲜西瓜果肉切块，放入榨汁机中榨汁。

（2）功效：西瓜汁富含多种维生素，可滋养皮肤。

西瓜汁

西瓜沙拉

（1）材料：西瓜300克，小番茄8个，薄荷叶5片，青柠半个，蜂蜜15克，盐2克，黑胡椒2克。

（2）做法：将西瓜果肉与其他食材切丁，撒入上述调味品制成水果沙拉。

（3）特点：味道丰富，营养全面。

拔丝西瓜

（1）材料：西瓜块100克，白砂糖100克。

（2）做法：在锅中放入白砂糖，倒入少许水，没过白砂糖；加热，向一个方向搅拌，直到出现焦糖色；放入事先准备好的西瓜块，快速搅拌均匀后出锅。

（3）特点：此菜味道鲜美，甜而不腻。

五、食用注意

（1）过多食用西瓜会引起腹泻，故不宜过多食用。

（2）慢性肠炎患者不能多食西瓜，以免伤脾胃和引起肠道功能紊乱。

（3）寒积冷痛、大便溏泻或小便频繁者慎食西瓜。

猪八戒吃西瓜

唐僧、沙僧、八戒、行者一起到西天去取经。六月的一天，太阳当头照，师徒几人走到了一座荒山前，口干舌燥，在一座古庙中停下休息。

行者要出去找点果子给大家解渴，八戒陪着一起去。八戒脚踏在晒热了的土地上，被烫得难受，心里后悔起来，可是又不好意思不去。走了一程，八戒看见路边有棵白杨树，就假装肚子痛："猴哥啊，我肚子痛，走不动了，你自己去吧！我在这里等你，要是找到果子，快点回来，可别自己吃了。"行者知道八戒偷懒，也不去说穿他，只是点点头，一个筋斗翻上天去了。躺在大杨树下，吹着凉风的八戒忽然看见山脚下有个绿油油的东西，被阳光照得闪闪发光。

八戒走过去一看，原来是个大西瓜，心里高兴极了。虽然他想起师傅还在庙里受热，可又实在嘴馋，还是忍不住举起刀来，把西瓜切成四块。一边又说："师父！我把这瓜切成四块，我先吃自己的一块，也说得过去。"说着拿起一块，大吃起来。

再说行者一个筋斗十万八千里，来到到处都是鲜花香果的南海边上。行者来不及细看，急忙爬上树去，采了些蜜桃、甜枣、玉梨、黄杏……打好包袱，又一个筋斗，回到原来的地方。正要落下，忽然一想："慢着，让我先看看八戒在干什么。"只见八戒一边自言自语一边把四块西瓜都吃完了。听见行者叫自己，八戒慌忙将四块瓜皮扔得老远。

二人在回古庙的路上，才走几步，八戒就踏上一块西瓜皮，摔了一跤，脸都跌肿了。站起来一看，是自己丢的西瓜皮，不敢吱声。想不到走了十几步，又踏上一块西瓜皮，身子一摇，又跌倒了。行者把他扶起来，叫道：“哎呀，又是哪个懒家伙？偷吃了西瓜，乱丢西瓜皮。”八戒看了一下西瓜皮，心想：“真倒霉！”就这样，一路跌了四次重重的跟头。唐僧、沙僧看见行者带回大包果子，十分高兴，又看见八戒脸上一块青一块红，肿了一大半，忙问：“这是怎么了？”八戒哼着说：“别提了，我不该一个人吃一个大西瓜，这猴子一路上请我吃了四块西瓜皮。”说得行者笑痛了肚皮。

甘蔗

老境于吾渐不佳，一生拗性旧秋崖。
笑人煮箦何时熟，生啖青青竹一排。

——《甘蔗》（北宋）苏轼

一、食材基本特性

拉丁文名称，种属名

甘蔗（*Saccharum officinarum*），禾本目、禾本科、甘蔗属植物，一年生或多年生宿根草本，属碳四作物，又名黄皮果蔗、薯蔗等。

形态特征

甘蔗的根状茎粗壮发达，秆高2~5米。甘蔗的茎秆是实心的，和竹子一样有节，每一个节上有一个芽。甘蔗紧密丛生，叶形优美，叶鞘裹在茎上，保护着芽。

习性，生长环境

甘蔗原产于印度和中国，现在已在世界上广泛种植，是重要的经济作物。我国甘蔗种植历史最早可以追溯到公元前三世纪；在我国广东、福建、四川、云南、浙江等地均有栽培。甘蔗为喜温、喜光作物；其适宜生长温度为20~30℃，适合生长在土壤肥沃、阳光充足、冬夏温差大的地方。甘蔗的生长对土壤pH值有一定的要求，其适宜的土壤pH值是4.2~8，而pH值以5.5~8为宜。甘蔗在生长过程中对水分的需求量较大，尤其是在伸长期，此时的需水量最大。

二、营养及成分

甘蔗中的含铁量居水果之首，素有“补血果”的美称，是一种冬令佳果。甘蔗中除了含有上述的营养成分之外，还含有醛类、醇类、酸类、烃类以及β-谷甾醇和豆甾醇等成分，可以用来生产木糖醇、低聚木糖等，具有较高的附加值。每100克甘蔗部分营养成分见下表所列。

碳水化合物	15.4克
膳食纤维	0.9克
蛋白质	0.4克
脂肪	0.1克
钾	95毫克
镁	4毫克
钠	3毫克
维生素C	2毫克
铁	0.4毫克
维生素B_3	0.2毫克

三、食材功能

性味 味甘、涩，性平。

归经 归肝、肺、脾、胃经。

功能

（1）补铁补血。甘蔗中含有丰富的微量元素，其中以铁的含量最高，位居水果首位。甘蔗中丰富的铁能够刺激人体的血红细胞重新合成血红蛋白，具有补血的效果。

（2）滋养润燥。甘蔗中含有的纤维素可以很好地刺激肠道蠕动，有助于食物消化，引起便意，缓解便秘，帮助肠道排空。因此甘蔗具有滋养润燥的功效。

（3）健脾利尿。甘蔗中80%都是水分，大量的水分有助于人体尿液的排出，因此甘蔗具有健脾利尿的功效。

（4）生津解酒。甘蔗中富含水分和糖分，因此口渴的时候食用甘蔗可以很好地止渴。同时甘蔗中的糖分可以有效地补充人体肝脏中的糖原，帮助缓解饮酒对肝脏造成的负担，起到解酒的作用。

（5）提神，抗疲劳。甘蔗中含有的二十八烷醇具有抗疲劳的功效，可以提高机体的代谢能力和氧利用率。

| 四、烹饪与加工 |

甘蔗生姜水

（1）材料：甘蔗400克，生姜20克。

（2）做法：将两者混合在一起，捣碎后榨出汁，直接饮用或温热后饮用。

（3）功效：健脾养胃，缓解胃胀气。

蔗汁粟米粥

（1）材料：甘蔗400克，粟米50克。

（2）做法：将甘蔗进行榨汁，取其汁水，加入粟米、清水，煮粥。

（3）功效：生津补肺，健脾开胃，缓解燥热。

蔗糖

（1）预处理：对甘蔗进行榨汁，过滤掉甘蔗汁中的杂质。

（2）浓缩：将甘蔗汁煮沸，水分蒸发后留下糖浆。

（3）成品：脱色处理，压制成形。

蔗 糖

甘蔗醋

（1）材料：甘蔗汁，白砂糖，薄荷叶，魔芋胶，木瓜蛋白酶，纤维素酶，中药提取物，酿酒酵母，醋酸菌。

（2）加工工艺：发酵，调配，均质，杀菌。

（3）功效：抗衰老，预防高血压和冠心病，增强肠胃功能。

五、食用注意

（1）脾胃虚寒、痰湿咳嗽者宜少食甘庶。

（2）凡霉变甘蔗和内部为浅棕色的甘蔗皆不可食，以防硝基丙酸毒素中毒。

（3）糖尿病患者最好不食甘庶。

传说故事

"甘蔗"名字的由来

传说秦始皇带着兵马到五通时，看到路上长着很多像竹子一样的大芭芒，叶子像剑一样。开路先锋挥起宝剑，一丛一丛地砍倒了。这些像竹子一样的大芭芒流出水来，兵士们怕有毒，不敢吃。有一个麻子兵看到了，心想，自己与其干死或渴死，不如痛痛快快地吃一餐这种东西。于是，不管三七二十一，他拿起一根就嚼，发觉汁水甜得像蜜糖一样，他吃了一根又吃一根，吐出一团团像棉花一样的碎渣。吃罢，他觉得全身都有了力气，高兴地喊了起来："我吃了比甘露还要好吃的东西!"

旁边的士兵见麻子兵吃了那种东西不碍事，又听说好吃，于是，大家都去捡起像竹子一样的大芭芒并吃了起来。他们又写了个牌子插在大路边，告诉后边的兵马，路边砍倒的像竹子一样的大芭芒可以吃。后来，士兵们又根据这种东西比甘露还甜，砍倒的时候发出"渣渣"的声音，就把它喊作"甘渣"，喊来喊去就喊成"甘蔗"啦。

金橘

暑岸千株绿，秋庭万点黄。
明晶能夺目，圆满要经霜。
瑞露凝肤满，甘泉沃肺凉。
美沧不解事，金碗荐槟榔。

——《金橘》（北宋）
孔武仲

一、食材基本特性

拉丁文名称，种属名

金橘［*Fortunella margarita*（Lour.）Swingle］，芸香目、芸香科、金橘属植物，常绿灌木，又名卢橘、山橘等。

形态特征

金橘树高在3米以内，叶质厚，卵状披针形或长椭圆形，顶端略尖或钝，基部呈宽楔形或近于圆；叶柄长达1.2厘米。单花或2～3花簇生；花梗长3～5毫米；子房呈椭圆形，花柱细长，长度通常为子房的1.5倍，柱头稍增大。果实呈椭圆形或卵状椭圆形，橙黄至橙红色，果皮味甜；种子为卵形，子叶及胚均为绿色，单胚或偶有多胚。花期在3—5月，果期在10—12月。金橘的外皮金黄透亮，果肉鲜嫩，香甜多汁。金橘的皮肉结合紧密，洗净后可以不用剥皮，直接食用。金橘皮中还含有挥发性的芳香金橘油，其中化学成分主要是柠檬萜、橙皮苷等多种化学物质。

习性，生长环境

金橘原产于我国，早在宋代，金橘就已成为我国的贡品。目前，金橘主要分布在北纬35°以南的区域；在我国南部地区，如两广、福建等地广泛种植。其中福建尤溪、广西融安、江西遂川和湖南浏阳是我国的金橘四大产地。金橘喜温暖湿润，怕涝，喜光，但怕强光，稍耐寒，不耐旱。金橘的生长对土壤要求较高，适合生长在中性、富含腐殖质、疏松肥沃、排水良好的土壤中。

二、营养及成分

金橘皮中含有多种挥发性的油脂和芳香类物质，主要的成分是柠檬萜、橙皮苷、脂肪酸等，这些由油脂和芳香类物质组成的油具有金橘的浓郁香气。每100克金橘部分营养成分见下表所列。

碳水化合物	13.7克
纤维素	1.4克
蛋白质	1克
脂肪	0.2克
维生素A	62毫克
维生素C	35毫克
镁	20毫克
维生素E	1.6毫克
维生素B_3	0.3毫克

三、食材功能

性味 味甘、酸，性温。

归经 归肝、肺、脾、胃经。

功能

（1）刺激食欲，促消化。金橘中含有的挥发性芳香油可以刺激食欲产生，帮助肠道消化，对于食欲不振、吃饭不香的老人或孩子，可以起到很好的调理作用。

（2）美容养颜，延缓肌肤衰老。金橘中所含的维生素A可以有效防止面部皮肤色素沉淀，增加皮肤的光泽和弹性，延缓皮肤衰老。

（3）预防动脉粥样硬化。金橘中的金橘苷有助于体内胆固醇和脂肪的分解，降低血液中的胆固醇和三酰甘油水平，有助于预防心血管的动脉粥样硬化。

生食

金橘经清水洗净后可以直接食用，味道酸甜，唇齿留香。

金橘糖水

（1）材料：金橘干10克，冰糖适量。

（2）做法：将金橘干用清水浸泡1小时，洗净待用；下锅，加2升冷水，先大火煮开，然后调小火煮至汤汁浓稠，起锅前5分钟加适量冰糖。

金橘糖水

金橘果脯

（1）原料选择：筛选果实成熟、果形完好整齐的金橘作为果脯原料。

（2）前处理：将果脯原料放入碱性溶液中进行浸泡、漂洗；将漂洗后的金橘用清水进行清洗，沥干待用。

（3）糖渍：将处理后的金橘放入浓度为1%～3%的盐水中煮制15～30分钟；之后将金橘放入浓度为40%的白砂糖浆中浸泡，浸泡时间为24～48小时，每隔6小时搅拌翻滚一次，浸泡完成后捞出沥干待用。

（4）成品：将浸泡后的金橘放入干燥箱中烘干，烘干后冷却处理，得到果脯成品。

金橘果脯

金橘啤酒

（1）制备麦汁：将麦芽粉碎后，加入水混合，进行糖化后，经过滤除去酒糟，提取出麦汁。

（2）预处理：将麦汁进行煮沸，在煮沸过程中加入金橘粉和啤酒花。

（3）发酵：将煮沸后的麦汁沉淀，充入无菌空气，添加酵母，进入发酵罐发酵。

（4）成品：发酵成熟后去除酵母和沉淀物得到金橘精酿啤酒。

五、食用注意

（1）脾胃不好的人不宜多食金橘。

（2）糖尿病患者宜少食金橘。

传说故事

金橘孝父

据传，江南嘉定有个叫侯万钟的青年，家境并不宽裕，父亲省吃俭用，积钱送他到清溪馆读书。一天，家乡来人说其父亲病重，侯书生当即告假，连夜赶回家，一看老父亲气息奄奄，不禁失声痛哭。自此，不管白天黑夜总是侍候在病榻前，为父亲端汤送药。

一天晚上，侯书生在庭院内设供果，焚香祷告，宁可自己代父受苦，也不愿让老父亲病魔缠身。这时，从空中落下一枚色泽鲜润的金橘，他捡起奔到父亲床前剥开，一阵奇香飘逸，老父亲吃后，病情日渐转愈。当地人都认为这是书生的孝心感动天地，传为美谈。

柑橘

个个和枝叶捧鲜，彩凝犹带洞庭烟。
不为韩嫣金丸重，直是周王玉果圆。
剖似日魂初破后，弄如星髓未销前。
知君多病仍中圣，尽送寒苞向枕边。

——《早春以橘子寄鲁望》
（唐）皮日休

一、食材基本特性

拉丁文名称，种属名

柑橘（*Citrus reticulata* Blanco），芸香目、芸香科、柑橘属植物，是亚热带的常绿果树，又名柑、枳、金柑等。

形态特征

柑橘植株高达6米，枝柔弱，通常有刺。叶互生，革质，披针形至卵状披针形，长5.5~8厘米，宽2.9~4厘米，顶端渐尖；叶柄细长，翅不明显。花小，黄白色，单生或簇生于叶腋；萼片有5个；花瓣有5片。柑果呈扁球形，直径为5~7厘米；橙黄色或淡红黄色，果皮疏松，肉瓤极易分离。

习性，生长环境

我国是柑橘的主要原产国之一，也是世界上栽培柑橘最早的国家，栽培历史可追溯到夏代。目前，柑橘主要分布在南、北纬20°~35°的区域；在我国湖南、江西、四川、福建、浙江、广西、湖北、广东、重庆、云南等地均有栽培。柑橘对温度敏感，柑橘生长发育要求12.5~37℃的温度，其适宜生长温度是23~29℃。柑橘对土壤的适应范围较广，pH值为4.5~8均可生长，以pH值5.5~6.5为适宜。柑橘根系生长要求较高的含氧量，质地疏松、结构良好、排水良好的土壤最适宜。

二、营养及成分

每100克柑橘部分营养成分见下表所列。

碳水化合物	11.9克
蛋白质	0.7克
膳食纤维	0.4克
脂肪	0.2克
维生素A	148毫克
钾	122毫克
钙	35毫克
维生素C	28毫克
镁	11毫克
钠	1.4毫克

三、食材功能

性味 味甘、辛、酸，性温。

归经 归肝、脾、膀胱经。

功能

（1）降血压，扩张心脏冠状动脉。柑橘中的橘皮苷可以增强毛细血管的韧性，降血压，扩张心脏的冠状动脉。

（2）通便减肥。柑橘瓤外白色的橘络中富含膳食纤维和果胶，有助于促进人体胃肠道的蠕动，润肠通便，并且还有助于促进人体中油脂和胆固醇的代谢，达到减肥的目的。

（3）抗氧化作用。柑橘中含有丰富的维生素C，维生素C是一种还原剂，具有良好的抗氧化作用。

四、烹饪与加工

生食

剥皮后可直接食用。

柑橘柠檬茶

（1）材料：柠檬1个，柑橘皮10克，普洱茶膏2克，冰糖适量。

（2）做法：把普洱茶膏和柑橘皮倒入养生壶茶漏里；往养生壶内加入水；通电后，选择“绿茶”功能；煮好再添加适量的冰糖，并挤入柠檬汁，即可饮用。

柑橘元宝甜汤

（1）材料：柑橘1500克，干桂圆8个，干菊花20朵，冰糖或蜂蜜适量。

（2）做法：将柑橘去皮掰开备用，将橘瓣与清水、适量干桂圆大火同煮，水滚后小火煮10分钟，加入泡好的菊花煮2分钟，关火盖锅盖焖2分钟。煮好后将菊花捞出弃去，淋入蜂蜜或加入冰糖即可。

陈皮

（1）原料选择：选择皮质金黄的橘皮。

（2）处理：放置在高强度的太阳下进行暴晒，晒干后的橘皮可直接放入蒸锅中蒸软，之后再将橘皮放到高强度的太阳下进行高温暴晒。如此反复四至五次，即制成了陈皮。

陈　皮

橘子罐头

（1）预处理：将新鲜柑橘去皮，掰成瓣，得到完好的橘瓣备用。

（2）护色：将预处理得到的橘瓣放入80～90℃的水中继续预煮2～6分钟后，加入护色剂，继续熬煮1～3分钟后，捞出橘瓣冲洗去除外面的护色剂。

（3）细加工：将茉莉颗粒放入纯净水中煮沸，煮沸后继续熬煮10分钟后，冷却至80℃取滤液，加入柠檬酸和白糖，搅拌均匀，冷却至30℃后过滤，得到罐头汁备用。

（4）成品：将上述的橘瓣和罐头汁按一定配比进行装瓶、灭菌即可。

五、食用注意

（1）脾胃虚寒、痰湿咳嗽者宜少食柑橘。

（2）柑橘含糖量比较高，糖尿病患者不宜食用。

宋高宗放橘灯

南宋初年，金兀术大举南侵，相继攻下杭州和宁波。建炎四年（1130年），宋高宗赵构从舟山乘船逃到临海章安镇，登金鳌山南眺，见椒江浩浩荡荡，枫山耸峙，想是风景秀丽之地，就命楼船连夜渡过椒江，向海门枫山进发。

这夜，正值正月十五元宵节，月明如昼，水天一色。如此良夜，宋高宗想起昔日汴梁盛况，不禁神伤。那时家家灯火，户户管弦，游人玩赏嬉耍，金吾不禁，一连三天，整夜不眠，如今却逃奔海隅，凄凉寂寞，正有今不胜昔之慨。

这时，椒江上游驶来两只帆船，因为不知道楼船里坐着皇帝，就没有回避，顺流乘风而下，直逼御舟。站在楼船头的禁卫忙横矛喝问，方知是贩卖柑橘的黄岩船。皇帝到底是最善于吃喝玩乐的，即使在这穷山恶水之地，也想出个海上庆元宵的办法来。他吩咐臣僚吃柑橘须把下半截橘皮完整地保存下来，然后，取橘子皮当碗，贮上油，点起火，一盏一盏放到海上去。这时，风平浪静，海面上一片灯火，恰似银河移落海上，君臣饱览佳景，在椒江口同赏橘乡元宵。

柠檬

数年织梦今朝喜，呱呱落地几声啼。
细雨轻风滋万物，柠檬树下好谈棋。

——《雨蒙寄雨》（现代）
徽山皖水

一、食材基本特性

拉丁文名称，种属名

柠檬［*Citrus limon*（L.）Burm. f.］，芸香目、芸香科、柑橘属植物，小乔木，又名黎檬子、宜母果、里木子、柠果、宜母子、檬子等。

形态特征

柠檬植株枝少刺或近于无刺，嫩叶及花芽呈暗紫红色，叶片为厚纸质，卵形或椭圆形。果实呈椭圆形或卵形，果皮厚，通常粗糙，呈黄色，果汁酸至甚酸，种子小，卵形，端尖；种皮平滑，子叶为乳白色，通常单胚或兼有多胚。

习性，生长环境

柠檬主要分布于地中海沿岸、东南亚和美洲等地；在我国台湾、福建、广东、广西等地均有栽培。柠檬性喜温暖，耐阴，不耐寒、热，适合在亚热带地区种植。柠檬的花期在4—5月，果期在9—11月。柠檬适宜的年平均气温是17～19℃，适宜土壤pH值是5.5～7，适合生长在土层深厚、排水良好的缓坡地。

二、营养及成分

每100克柠檬部分营养成分见下表所列。

碳水化合物	8.5克
脂肪	1.2克
维生素E	1.1克
蛋白质	1.0克

脂肪	0.7克
膳食纤维	0.7克
维生素C	22毫克
钠	1.1毫克
铁	0.8毫克
维生素B_3	0.6毫克
锌	0.7毫克
维生素B_1	0.1毫克

三、食材功能

性味 味酸、甘，性平。

归经 归脾、胃、小肠经。

功能

（1）生津解暑，开胃。柠檬果皮富含芳香挥发性成分，可以生津解暑，开胃醒脾。夏季暑湿较重，很多人神疲乏力，长时间工作或学习之后往往胃口不佳，喝一杯柠檬泡水，清新酸爽的味道让人精神一振，胃口大开。

（2）预防心血管疾病。柠檬中的维生素C能增强血管弹性和韧性，可预防和治疗高血压和心肌梗死等症。此外，青柠檬中含有一种近似胰岛素的成分圣草枸橼苷，可以使异常的血糖值降低。

（3）清热化痰。夏季痰多，咽喉不适时，在柠檬汁中加温水和少量食盐，饮用后可将喉咙积聚的浓痰顺利咳出。

（4）抗菌消炎，增强免疫力。柠檬富含维生素C，犹如天然抗生素，具有抗菌消炎、增强人体免疫力等多种功效，平时可多喝热柠檬水来保养身体。

（5）延缓衰老，抑制色素沉着。柠檬属于碱性食品，具有很强的抗氧化作用，对促进肌肤的新陈代谢，延缓衰老及抑制色素沉着等十分有效。

四、烹饪与加工

鲜榨柠檬汁

（1）材料：柠檬1个，蜂蜜少许，水适量。

（2）做法：将柠檬洗净，切片，榨汁，加入蜂蜜，最后放入柠檬片，用薄荷叶装饰即可。

（3）功效：富含维生素C，可滋养皮肤。

鲜榨柠檬汁

酸辣柠檬无骨鸡爪

（1）材料：鸡爪若干，小米椒适量，香菜适量，柠檬1个，洋葱1个，大蒜6~7瓣，姜丝适量，葱节适量，料酒、蚝油、生抽、醋、芝麻油、百香果果肉适量。

（2）做法：将鸡爪切开并冷水下锅，加入料酒、姜丝和葱节，大火煮开后转小火炖煮10分钟，捞出鸡爪过凉水；将柠檬切片，洋葱和大蒜切碎，香菜和小米椒切段；加入适量生抽、蚝油、醋、芝麻油、百香果果肉和切好的柠檬、洋葱、大蒜、小米椒、香菜并搅拌均匀，加入鸡爪腌制2个小时即可。

酸辣柠檬无骨鸡爪

柠檬精油

（1）原料处理：将柠檬切片后低温烘干制成柠檬片。

（2）粗提：在蒸馏器中加入柠檬片和乙醇，使固液比达到1∶3，浸泡12小时后，对蒸馏器加热，收集挥发物，将乙醇和柠檬精油分离得到粗提柠檬精油。

（3）细加工：对粗提柠檬精油经过3~5次蒸馏提取和分离得到柠檬精油。

（4）功效：柠檬精油含有丰富的柠檬烯，具有美白、收敛、平衡油脂分泌的功效。

柠檬冻干片

（1）预处理：挑选柠檬鲜果并清洁干净，切除柠檬果头部和尾部后，将柠檬果横切成柠檬鲜片，备用。

（2）冷冻干燥：将柠檬鲜片置于-40℃温度下冷冻干燥5小时，获得柠檬干片。

（3）特点：这种做法保留了柠檬的营养且便于储存。

五、食用注意

（1）胃溃疡、胃酸过多者不宜食柠檬。

（2）不宜空腹食柠檬，以免对肠胃有刺激。

传说故事

柠檬仙姑的传说

传说从前，人们喜欢到西王母禅寺烧香拜佛，每次都能看到一位漂亮的姑娘在那里。她个儿不高，身材苗条。她笑的模样像鲜花盛开，她离去的背影像蝴蝶飞舞而去，她走起路来像飞燕掠过水面。一天，人们又去西王母禅寺烧香拜佛，看到那位姑娘，便开始评论起来。有的说，姑娘的头发梳得好看，如流水云飘；有的说，姑娘身段太妙了，像灵活的柳枝，椭圆形的脸，像鸭蛋……这样你一言，我一语把姑娘说得脸庞绯红，不好意思地离开了。

人们觉得这姑娘不一般，就跟在她后面。不一会儿姑娘突然不见了，人们只看见姑娘走后留下的很清晰的脚印，脚印中间还长出一棵树苗。他们觉得很奇怪，猜测姑娘可能是天上下凡的仙姑。几年后，绿树成荫，树上挂满了形状像鸭蛋一样的果实。人们把果子摘下来试吃，味道香，但酸得很，无法吃。想着是仙果，人们就用开水泡着喝，结果喝了后心情舒畅，饭量大增。将果皮用来擦手和脸，皮肤光亮，滋润，还有清香的味道。人们就把这种果子叫柠檬仙果，把这位下凡的姑娘称为柠檬仙姑。

不久，柠檬仙姑的故事传到南海普陀山高僧净土法师的耳里，净土法师就来到西王母禅寺，想亲自找到柠檬仙姑，要点柠檬树苗回家乡栽种。西王母禅寺遍地绿荫，香气袭人，净土法师来到了柠檬丛中，就是不见柠檬仙姑。净土法师不知走了多少个时辰，穿过了多少个柠檬园，仍不见柠檬仙姑的影子。当他走到灵静亭时，一位长发坠地、绿裙飘拂、椭圆形的脸庞映照着弯弯的秀眉、显得美丽大方的姑娘主动问道：“先生为何来此地?”净土法师急忙应道:“我特地来这里找柠檬仙姑，要点柠檬树苗回老家种，让家乡人民享受到柠檬的香味。”姑娘略思了片刻便说:“我就是柠檬仙姑，今天有缘来相会，我满足你的请求，送你四棵树苗。”说完，柠檬仙姑就消失在了云雾中。净土法师拿到了树苗，带着树苗回到家乡栽种，从而使柠檬在家乡传播开来。

橙子

家林香橙有两树，根缠铁钮凌坡陀。
鲜明百数见秋实，错缀众叶倾霜柯。
翠羽流苏出天仗，黄金戏球相荡摩。
入苞岂数橘柚贱，芼鼎始足盐梅和。
江湖苦遭俗眼慢，禁御尚觉凡木多。
谁能出口献天子，一致大树凌沧波。

——《橙子》（北宋）曾巩

一、食材基本特性

拉丁文名称，种属名

橙子（*Citrus sinensis*），芸香目、芸香科、柑橘属植物，乔木，又名金环、黄果、柳丁等。

形态特征

橙子植株的枝通常有粗长刺，新梢及嫩叶柄常被疏短毛。果实呈扁圆或近似梨形，大小不一，大的直径达8厘米，小的约4厘米，果顶有环状突起及浅放射沟，蒂部有时也有放射沟，果皮粗糙，皮厚为2~4毫米，淡黄色，较易剥离，瓢囊有9~11瓣，果肉呈淡黄白色，味甚酸，常有苦味或异味；种子多达40粒，阔卵形，饱满，平滑，子叶呈乳白色，单或多胚。

习性，生长环境

橙子原产于我国南部，目前主要分布于北纬30°和南纬30°之间；在我国甘肃、江西、陕西、湖北、湖南、江苏、贵州、广西及云南等地均有栽培。橙子的花期在4—5月，果期在10—11月。橙子主要生长在山地或坡地上，其最适生长温度在37℃左右，适合生长在肥沃、土层深厚、疏松的土壤中。橙子的生长需要大量的阳光，充足的阳光有助于果实成熟。

二、营养及成分

橙子中含有橙皮苷、柚皮芸香苷、柚皮苷、柠檬苦素、那可汀、柠檬酸、苹果酸等多种植物功能性化学成分。每100克橙子部分营养成分见下表所列。

碳水化合物	10.5克
蛋白质	0.8克
膳食植物纤维	0.6克
脂肪	0.2克
钾	159毫克
维生素	33毫克
钙	20毫克
镁	14毫克
钠	1.2毫克
铁	0.4毫克
维生素E	0.6毫克
维生素B_3	0.3毫克
锌	0.1毫克
硫胺素	0.1毫克

三、食材功能

性味 味酸、甘、微苦，果肉性凉，果皮性温。

归经 归肺、脾经。

功能

（1）是维生素C的优良补充剂。橙子中含有丰富的维生素，尤其是维生素C的含量十分丰富，日常生活中经常食用橙子可以起到补充维生素C的作用。

（2）有助于肠道健康。橙子中含有的膳食纤维和果胶，有助于肠道蠕动，缓解慢性便秘，有利于清肠通便，排出体内的有害物质。

（3）降低血脂。橙子中的橙皮苷可以有效促进血液中类固醇的分解，降低体内的胆固醇含量，增加血管弹性。

四、烹饪与加工

生食

将橙子剥皮后可以直接食用，味道香甜。

烤橙子

（1）材料：橙子1～2个。

（2）做法：烘烤。

（3）功效：止咳化痰。

盐蒸橙子

（1）材料：橙子1个，盐少许。

（2）做法：洗净橙子，放入盐水中浸泡；将橙子割去顶部制成橙盅，将少许盐均匀撒在橙肉上，用筷子戳几下，装入碗中上锅蒸，水开后再蒸大约10分钟，用勺子剜取果肉即可。

（3）功效：润肺，止咳，化痰。

盐蒸橙子

橙子糖

（1）原料选择：选择表皮呈金黄色、香味浓郁、无霉变的新鲜橙子。

（2）原浆制备：把橙子榨汁，得到橙汁；往锅内倒入橙汁，加入白砂糖、水，小火熬煮3分钟；加入质量相当于橙汁45%的明胶粉搅拌均匀，待明胶粉完全溶解后，关火冷却，然后加入蜂蜜制得原浆。

（3）定形：将加热后得到的液体倒入冰格盒中，用保鲜袋装好，放入冰箱冷藏30分钟。

（4）成品：将冷藏后的橙子糖脱模并用刀切块，然后用真空包装机进行包装。

五、食用注意

（1）橙子不能过量食用。橙子虽好，平时食用时一定要适量，不能过量，否则身体会出现不适症状，对健康不利。

（2）空腹时不宜吃橙子。因为橙子中含大量的有机酸，有机酸对人体的胃肠黏膜有刺激作用。

传说故事

宋徽宗与橙子

宋徽宗赵佶生性风流，沉迷女色。徽宗的后宫中妃嫔如云，史书记载有“三千粉黛，八百烟娇”，但是再绮丽的景致眼熟了也不再新奇。正所谓“人间有味俱尝遍，只许江梅一点酸”，赵佶的人间女色“一点酸”就是名满京师的青楼歌妓李师师。

李师师，北宋末年汴京名妓。本姓王，四岁时亡父，因而落入娼籍李家，改名李师师。据载，她气质优雅，通晓音律书画，芳名远扬开封城。可能由于童年凄凉的生活经历，成名之后，她给人的感觉是总带着淡淡的忧伤，她喜欢凄婉清凉的诗词，爱唱哀怨缠绵的曲子，常常穿着乳白色的衣衫，轻描淡妆，这一切都构成了一种“冷美人”的基调，反而更加迷人。

徽宗对李师师早就有所耳闻，一日便穿了文人的衣服，乘着小轿找到李师师，自称殿试秀才赵乙，求见李师师，终于目睹了李师师的芳容。

从此以后，徽宗就经常光顾李师师的青楼，李师师也不敢招待外客，她的青楼门前已是冷落车马稀，但有一人李师师不能割舍，他就是大税监周邦彦。周也是一名才子，他文采斐然，通晓音律，是当时有名的大词人。有一次宋徽宗生病，周邦彦趁空幽会李师师，二人正耳鬓厮磨之际，忽报圣驾前来，周邦彦一时无处藏身，只好匆忙躲到床铺底下。

宋徽宗送给李师师一个从江南用快马送到的新鲜橙子，并未留宿。徽宗走后，周邦彦填了一首词《少年游·感旧》讥讽：“并刀如水，吴盐胜雪，纤指破新橙。锦幄初温，兽香不断，相对坐调笙。低声问：向谁行宿？城上已三更。马滑霜浓，不如休去，直是少人行。”这首词将徽宗狎妓的细节传神地表现出来。后来徽宗痊愈，再找李师师宴饮，李师师一时忘情把这首词唱了出来。宋徽宗问是谁作的词，李师师随口说出是周邦彦，话一出口就后悔莫及。

宋徽宗立刻明白那天周邦彦也一定在屋内，不禁恼羞成怒。第二天上朝时，宋徽宗就让蔡京以收税不足额为由，将周邦彦罢官免职押出京城。李师师冒风雪为周送行，并将他谱的一首《兰陵王·越调·柳》唱给宋徽宗听，特别是唱到“又酒趁哀弦，灯照离席”时，几乎是泣不成声。宋徽宗也觉得太过严厉了，就又把周邦彦招了回来，任命他为管音乐的大晟府乐正。

柚子

山对面蓝堆翠岫，草齐腰绿染沙洲。
傲霜橘柚青，濯雨蒹葭秀，隔沧波隐隐江楼。
点破潇湘万顷秋，是几叶儿传黄败柳。

——《沉醉东风》（元）赵善庆

一、食材基本特性

拉丁文名称，种属名

柚子［*Citrus maxima*（Burm.）Merr.］，芸香目、芸香科、柑橘属植物，常绿乔木，又名文旦、壶柑、雪柚等。

形态特征

柚子植株的嫩枝、叶背、花梗、花萼及子房均被柔毛，嫩叶通常呈暗紫红色，嫩枝扁且有棱。果实呈圆球形、扁圆形、梨形或阔圆锥状，横径通常为10厘米以上；果皮呈淡黄或黄绿色，杂交种有朱红色的，果皮甚厚或薄，海绵质，油胞大，凸起；种子形状不规则，通常近似长方形。果实比柑橘大，单重常为1千克以上，直径为15~25厘米。果皮与果肉之间有白色海绵层。果肉呈红色或淡黄色，白色更为常见，富含汁水，有浓郁香味，呈甜味或酸甜味，有时带有苦味，这主要来源于其含有的生物苷。

习性，生长环境

我国栽培柚子的历史很悠久，早在公元前的周秦时代就有种植。目前，世界上柚子的产区有巴西、阿根廷、泰国等。在我国，柚子的产地主要分布在广东、广西、云南、福建等地。柚子的花期是4—5月，果期是9—12月。柚子喜温暖、湿润气候，不耐干旱，其适宜生长温度为23~29℃，能忍受-7℃低温，柚子属深根性，要求土壤质地良好，疏松肥沃，土层深厚，适宜的土壤pH值为6~6.5。

二、营养及成分

每100克柚子部分营养成分见下表所列。

碳水化合物	9.1克
蛋白质	0.8克
膳食纤维	0.4克
脂肪	0.2克
钾	230毫克
维生素C	45毫克
镁	6毫克
钠	3毫克
维生素B_1	0.1毫克

三、食材功能

性味 味甘、酸，性寒。

归经 归肺、脾经。

功能

（1）滋养皮肤。柚子中含有丰富的维生素C，每天适当地吃一些柚子，可以滋养皮肤。

（2）健脾消食，促进消化。柚子中含有的果胶可以保护肠壁，活化肠道有益菌群，调节肠胃功能，促进肠胃蠕动和消化。

（3）降血糖，降血脂。柚子中含有的丰富的维生素，具有降血糖、降血脂的功效。

四、烹饪与加工

生食

将柚子剥皮后直接食用。

柚子生食

自制柚子糖

（1）材料：柚子皮200克，冰糖160克。

（2）做法：将柚子外皮去除，柚子瓤切成小丁；将切成小丁的柚子瓤放入热水中煮熟捞出；过一遍凉水，再挤去多余水分，反复多次去除柚子瓤苦味；在洗好的柚子瓤中加入冰糖，搅拌均匀，腌制2小时；腌制完成后，将柚子瓤倒入锅中，开中小火不断翻炒至冰糖融进柚子瓤中即可。

（3）特点：清热去火，可以作为早餐、下午茶的甜品或休闲零食。

鸡肉柚子沙拉

（1）材料：鸡胸肉50克，柚子2瓣，核桃2颗，橄榄油20克，苹果醋20克，盐适量，黑胡椒碎适量。

（2）做法：取鸡胸肉，加入适量橄榄油煎熟，将煎熟的鸡胸肉撕成细丝，取适量橄榄油，倒入少许苹果醋，搅拌均匀，再加入适量盐，撒点黑胡椒碎，再撒入切小块的核桃仁和柚子拌均匀即可。

蜂蜜柚子茶

（1）材料：柚子1个，蜂蜜100克，冰糖10克，盐1勺。

（2）做法：用盐清洗柚子，取柚子皮，切碎；取柚子果肉，掰碎备用。在锅中加入柚子皮、柚子果肉和适量的冰糖、水，进行熬制，熬成黏稠状，用温水冲调。

（3）功效：可健脾消食，清热降火等。

蜂蜜柚子茶

五、食用注意

适量食用。柚子性寒，脾胃较弱的人群，特别是小儿不可多食。因小儿脾胃幼嫩，多食可导致腹胀、腹泻。

传说故事

柚子名称的由来

很久以前，有个村子里的人们到外地谋生，一个名叫阿由的人没有走，他担心生病的母亲虚弱的身体经受不了奔波。

只要一提起阿由，村子里的人都会竖起大拇指夸奖道：“孝子！”他总是想方设法地满足母亲提出的要求，宁愿自己吃糠喝稀，也要让母亲顿顿有饭有菜吃。一天，躺在床上的母亲说，肚子胀得很，大便不通，饭又吃不下，想吃些野果。刚刚喝了两口稀粥的阿由听了马上放下碗，安顿好母亲，冲出门，上山去找野果。

阿由找呀找，找不到满意的果子，却被日头晒得喉咙冒烟。阿由失望极了，正想往回走，突然他看到远处有一株大树。树冠为圆头形，树枝呈长条形，往下垂，树叶稠密，树上结满了卵圆形的红色果实，那果实随着风儿轻轻晃动，非常惹人喜爱。阿由越看越喜欢，不由得摘一个下来尝尝。他把果皮剥开，这果子的果皮带着一股幽幽的芳香，果肉晶莹透亮，阿由掰了一瓣，放入口中细细嚼着。果肉汁多，味道鲜美甘甜；吃完之后，只觉一股清香沁入心脾。阿由又吃了几瓣，觉得口也不渴了，肚子也不饿了，他万分欣喜，赶忙摘下几个带回家去。

母亲吃了这种果子，头也不昏了，腹部也逐渐不感到胀闷了，还觉得有些饿了。阿由喜上眉梢，赶紧煮些粥给母亲吃。母亲胃口大开，精神一天天好起来了。于是，阿由广种这种水果，分送给众乡亲，乡亲们都很喜欢。因为果子是阿由带进来的，大家都叫这种水果为“由子”，慢慢地被记录成文字后，“由子”被加了一个木字旁，变成了“柚子”。这就是水果“柚子”名称的来历。

香橼

团团车盖绿，灿灿御袍黄。
只许牙盘荐，那薰锦帐香。

——《园居杂兴四十三首（其三十三）香橼》
（明）黄衷

一、食材基本特性

拉丁文名称，种属名

香橼（*Citrus medica* L.），芸香目、芸香科、柑橘属植物，属不规则分枝的灌木或小乔木，又名枸橼、香圆等。

形态特征

香橼植株的新生嫩枝、芽及花蕾均呈暗紫红色。单叶，稀兼有单身复叶，叶片呈椭圆形或卵状椭圆形，叶缘有浅钝裂齿。总状花序有花达12朵，花瓣5片。果实呈椭圆形、近圆形或两端狭的纺锤形，重可达2000克；果皮为淡黄色，粗糙，难剥离；果肉无色，近于透明或淡乳黄色，爽脆，味酸或略甜，有香气；种子小，平滑，子叶为乳白色，多或单胚。

香　橼

习性，生长环境

香橼主要分布于越南、老挝、缅甸、印度和中国；在我国台湾、福建、广东、广西、云南等地均有栽培。香橼的花期是4—5月，果期是10—11月。香橼主要生长在海拔350～1750米的地区，香橼喜欢高温、湿润的环境，其最适生长温度为25℃左右，不耐寒。生长期阳光要充足，充足的阳光可促进其生长；在对土壤的选择上没有很严格的要求，需要深厚的土，若是疏松、肥沃、排水性比较好的土质则更好，更适合香橼的生长。

二、营养及成分

香橼中含有多种维生素和矿物质。香橼具有特殊的香气，主要原因是其含有大量的枸橼酸和挥发油。每100克香橼部分营养成分见下表所列。

碳水化合物	12.8克
膳食纤维	3.9克
蛋白质	1.1克
脂肪	0.3克

三、食材功能

性味 味辛、苦、酸，性温。

归经 归肝、脾、肺经。

功能

（1）疏肝理气，宽中化痰。香橼味辛，具有燥湿化痰的功效，可用于痰湿、痰多等症状的治疗。

（2）增强抵抗力。香橼中含有维生素C，它可以增强人体的抵抗力，预防感冒。

（3）清理胃肠道。香橼中富含果胶，它能降低人体血液中胆固醇的浓度，可以有效防止脂肪在血管壁上堆积，具有清理胃肠道的作用。

（4）预防胃溃疡。香橼含橙皮苷，能增强血管的弹性，降低血管的脆性，有效预防胃溃疡发生。

（5）改善血液微循环。香橼中含有的柚皮苷可以调节毛细血管使其保持通畅，改善血液微循环。

四、烹饪与加工

生食

将香橼去皮后直接食用。

切开的香橼

香橼茶

（1）原料：香橼，红茶。

（2）制作工艺：将红茶进行筛选除杂，得净红茶；将香橼果实表面清洗后除杂，再剔除果肉，继续二次清洗后晾干，得香橼果实皮；将净红茶和香橼果实皮混合后烘干，再静置摊凉，即得香橼茶。

（3）特点：香气浓郁，富有层次。

香橼罐头

（1）原料处理：将果肉切块，备用。

（2）配制糖浆：配制糖浆时，一般先用少量的水加热溶解蔗糖和蜂蜜，熬制清凉浓厚的糖浆，去除糖浆上面的浮沫和凝结物，再通过滤布进行过滤，以适量的水进行稀释。

（3）成品：煮沸后，将果肉放入煮沸的糖浆中，密封装罐，即制成罐头。

香橼蜜饯

（1）原料：香橼果块，蜂蜜，白糖。

（2）制作方法：先配制质量分数为40%的糖液，在锅中加入部分糖液，煮沸后加入少量的蜂蜜和处理后的香橼果块，继续加热至复沸；复沸后加入上次剩下的糖液，如此反复和补糖液，直到果肉被糖液所浸透呈现半透明的浅褐色即可出锅。带汁浸渍，沥干，干燥至果肉不黏手即可。

五、食用注意

凡阴虚血燥者及气虚孕妇慎食香橼。

传说故事

香橼瓤炒鱼片的传说

据说，隋朝有个官员叫李穆，因被人诬告他想造反，被隋炀帝发配到了岭南。到了唐高宗年间，李穆的后代李实到佛教圣地西山西庆林寺烧香还愿，想在观音峰建一座高大的佛像。造像需斋戒七七四十九天，以表示对佛的虔诚。那时李实在昭州（今平乐）做官，他最喜欢把猪肉煮溶煮烂当茶喝，可谓一餐没有肉，望着米饭哭。要他四十九天不吃肉，那日子怎么过呀？

头一两天总算熬过去了，到了第三天，李实嘴里开始冒口水。又过了两天，李实在洗澡时一量肚皮，不得了，小了一寸，没有官相怎么见人，就向老婆闹着要肉吃。可李夫人很虔诚，怕对佛不敬遭报应，说什么也不给他开荤。过了几天，她无意中看见小孩拿着去皮的香橼肉来打仗，将香橼肉砸来砸去。香橼肉落在水沟里，泡胀了浮在水面上，好像汤里飘着肥肉片。李夫人灵机一动，计上心来。

开始她炒了一盘香橼肉，苦的。去向厨师请教，才知道要去皮留瓤用水来漂，再用鸡汤煮、葱姜烩，胜过山珍海味，强过美味佳肴。拿给丈夫吃，李实明知不是猪肉，但被那异香吸引。一尝，嘿，好吃！将一碗香橼瓤一扫而空。后来李夫人不断改进，最终发现用鱼片炒香橼瓤最为味美。此菜传到民间，又由漓江上的船工从平乐传到桂林，这道美味就这样传开啦。

佛手

春雨空花散，秋霜硕果低。
牵枝出纤素，隔叶卷柔荑。
指竖禅师悟，拳开法嗣迷。
疑将洒甘露，似欲揽伽梨。
色现黄金界，香分肉麝脐。
愿从灵运后，接引证菩提。

——《咏宗良兄斋头佛手柑》（明）朱多炡

一、食材基本特性

拉丁文名称，种属名

佛手（*Citrus medica* ‘Fingered’），芸香目、芸香科、柑橘属植物，常绿灌木或小乔木。佛手果顶分裂，张开形如手指，故称为“佛手”，又名佛手柑、佛手橘等。

形态特征

佛手植株高达丈余，新枝呈三棱形。单叶互生，长椭圆形，有透明油点。花多在叶腋间生出，常数朵成束，其中雄花较多，部分为两性花，花冠为五瓣，春分至清明时第一次开花，常多雄花，结的果较小，另一次开花在立夏前后。果实在9—10月成熟，果大可供药用，皮呈鲜黄色，皱而有光泽，顶端分歧，常张开如手指状，肉白，无种子。

佛　手

习性，生长环境

佛手起源于尼泊尔和印度，后在隋唐时期由印度传入我国；在我国广东、浙江、福建、四川等地均有栽培。佛手的花期是4—5月，果期是10—11月。佛手主要生长在海拔300~500米的丘陵平原开阔地带。佛手性喜温暖，适宜生长温度为22~24℃，根系浅生，需经常浇水；适合生长在疏松、肥沃的酸性土壤中。

二、营养及成分

每100克佛手部分营养成分见下表所列。

碳水化合物	38克
总糖	5.5克
蛋白质	1.2克
钙	500毫克
磷	320毫克
钾	190毫克
铁	40毫克
胡萝卜素	20毫克
钠	10毫克
镁	7毫克
核黄素	0.1毫克

三、食材功能

性味 味辛、苦、甘，性温。

归经 归肝、脾、胃经。

功能

（1）治气舒肝，预防哮喘。佛手中含有柠檬内酯，能抗组织胺，对组织胺所致的气管收缩有抑制作用。

（2）增强免疫力。佛手中所含的精油和多糖成分有助于人体细胞的再生，有助于增强身体免疫力。

（3）抗感染，抗菌作用。佛手中含有的橙皮苷，可增强细胞抵抗病菌的能力，预防感染。此外，佛手中的精油成分对一些常见的致病菌，如大肠杆菌、金黄色葡萄球菌等都具有较强的杀菌作用。

（4）保护血管。佛手中的黄酮类物质具有保护血管的作用，可以调控高血脂状态下的细胞因子表达。

四、烹饪与加工

发菜佛手蚌肉汤

（1）材料：发菜干35克，河蚌肉200克，石花菜30克，蜜枣10克，陈皮6克，佛手6克，盐3克，味精2克。

（2）做法：将上述食材洗净，放入炖锅中，加入适量清水，大火煮沸后转小火继续煲约2.5个小时。之后只需再加入适量的盐、味精即可。

（3）功效：清热，止咳，消痰。

佛手虾仁

（1）材料：佛手1个，虾仁200克，鸡蛋3个，小葱2根，植物油、盐、料酒、生抽、蚝油、淀粉、黑胡椒碎适量。

（2）做法：放入盐、料酒、生抽、蚝油、淀粉、黑胡椒碎腌制虾仁；将小葱切末、佛手切片、鸡蛋打好备用；在锅中烧油，烧至七成热倒入鸡蛋和葱末，翻炒均匀，放入虾仁、佛手翻炒出锅。

（3）特点：酸甜可口，咸鲜美味。

佛手酥

（1）原料组成：面粉、佛手、冬瓜。

（2）加工工艺：经原料处理、配料、煮馅、制皮、制坯、烘烤等一系列工艺步骤制作而成。

（3）特点：口感细腻，色泽金黄，清香浓郁。

五、食用注意

（1）阴虚者或有热上火、无火或气滞郁结症状者不宜食用佛手。

（2）不宜多食佛手，多食损正气。

传说故事

仙女托梦赐天橘

很早以前，在浙江金华罗店的一座高山脚下，住着母子两人。母亲年老久病，终日双手抱胸，自觉胸腹胀闷不舒。儿子为了给母亲治病，四处求医，然而无效。一天夜里，孝子梦见一位美丽的仙女，仙女赐给他一只犹如仙女玉手样的果子，给母亲一闻病就好了。可是，醒来一看，母亲病情依旧，原来是一场梦。

于是，孝子下决心要找到梦中见到的那种果子。经过很多天的翻山越岭，他筋疲力尽，就坐在岩石上歇息。忽然，一只青蛙跳到他面前，呱呱叫起来。孝子仔细一听，好像是一首歌："金华山上有金果，金果能救你老母，明晚子时山门口，大好时机莫错过。"第二天午夜，孝子爬上金华山顶的山门，只见金花遍地、金果满枝、金光耀眼，一位美丽的女子飘然而来。孝子定睛一看，正是梦中所见的那位仙女。仙女说道："你的孝心感人，今送你天橘一只，可治好你母亲的病。"孝子感激万分，恳求她再赐给他一棵天橘苗，以便让母亲天天能闻到天橘之香，永解病痛，仙女满足了他的要求。

孝子回来后，将天橘给母亲服用，母亲胸腹胀闷的症状很快就消失了。仙女赐的天橘苗，经过孝子的辛勤培植，很快遍布了整个山村，使更多的人得以享用天橘。乡亲们认为，这位仙女可能是救世观世音菩萨，天橘就是观音的玉手，因此将天橘称为"佛手"。

黄皮果

黄皮少生意，中多亦为奚。
惜哉果实小，酸涩如棠梨。
剖流酸苦汁，生津止渴宜。
纷然不适口，岂知存肉皮。

——《咏黄皮》
（元）曹悟

一、食材基本特性

拉丁文名称，种属名

黄皮果［*Clausena lansium*（Lour.）Skeels］，为芸香目、芸香科、黄皮属植物的果实，又名黄弹、黄枇、黄弹子等。

形态特征

黄皮植株高可达12米。小叶呈卵形或卵状椭圆形，两侧不对称，圆锥花序顶生；花瓣为长圆形，花丝为线状，果实为淡黄至暗黄色，果肉呈乳白色，半透明，种子有1~4粒。

习性，生长环境

黄皮原产于中国南方，在中国有1500多年的种植历史。在我国广东、广西、福建等地均有种植。黄皮的花期是4—5月，果期是7—8月，黄皮是亚热带果树，性喜温暖气候，种植温度最好保持在22℃以上，冬天的温度最好在11℃以上。黄皮对土壤的要求不高，通常在通气好的沙壤土中就可以生长，但是想要提高产量，就要在土层较疏松、肥沃度

黄皮果

高、排水好的沙质壤土中种植。黄皮需要充足的阳光，特别是在开花和结果的时期，光照要充足。黄皮是四季都绿的植物，种植时需要提供充足的水，才能使其生长更旺盛。

| 二、营养及成分 |

黄皮果含丰富的维生素C、糖、有机酸及果胶，果皮及果核皆可入药。每100克黄皮果部分营养成分见下表所列。

碳水化合物	5.6克
膳食纤维	4.3克
蛋白质	1.6克
脂肪	0.2克
钾	0.2克
维生素C	35毫克
镁	16毫克
钠	6.5毫克
铁	0.4毫克
维生素B_1	0.1毫克
维生素B_2	0.1毫克

| 三、食材功能 |

性味 味辛、苦、酸，性微温。

归经 归肺、胃、大肠经。

功能

（1）生津止渴。黄皮果具有生津止渴、润喉去燥的功效，食之使人清爽舒适，适宜口干、眼干、思虑过度、睡眠不足、讲话过多的人群食用。

（2）清热降火。在夏天吃黄皮果时，可以将果肉、果皮和果核放在口中嚼碎，连渣带汁一起吞下，能起到降火的作用。

（3）养胃健胃。黄皮果能中和胃酸，缓解胃痛，起到养胃健胃的作用，可以用于食积不化、胸膈满痛。

（4）理气。黄皮果中含有大量的维生素C、氨基酸等物质，能刺激胃液的分泌，减轻因气滞而导致的胀满疼痛。

（5）化痰平喘。黄皮果中含有的黄皮新肉桂酰胺既可调畅气机，又可敛肺气，还可减轻平滑肌的痉挛，起到化痰平喘的作用，适用于痰饮咳喘。

四、烹饪与加工

生食

直接作水果食用。

黄皮果生食

黄皮果老鸭汤

（1）材料：老鸭500克，姜3片，黄皮果12颗，盐适量。

（2）做法：将老鸭切大块，去皮，飞水；切3片姜，准备黄皮果12

颗；将黄皮果用盐水泡5分钟，冲洗干净；将上述所有食材放入高压锅，加水没过食材，炖2小时即可。

黄皮果炒豆芽

（1）材料：黄皮果1把，黄豆芽300克，葱2棵，蒜3瓣，小米辣2个，盐适量，蚝油1汤匙。

（2）做法：将黄豆芽、黄皮果洗净；将葱切寸段，小米辣、蒜切碎；锅热下油，先煸香蒜和小米辣，再放入黄皮果炒熟；倒入黄豆芽，用锅盖盖上焖1.5分钟；打开盖子，放入少许盐、蚝油、葱段；边翻炒边用铲子压扁黄皮果使果汁渗出与黄豆芽混合入味，炒匀即可出锅。

（3）特点：酸度适中，芳香可口。

黄皮果罐头

（1）原料处理：将黄皮果去皮并削成果块，用水烫5～15秒，取出果块，置于低温真空环境中干燥。

（2）糖渍：将果块浸入糖浆中，加热至糖浆温度达到50～60℃，继续于50～60℃保温30～60分钟使果块充分浸糖，然后取出果块；将果块浸入保鲜液中，于35～45℃浸渍10～30分钟，于75～85℃水浴加热3～8分钟，然后置于3～6℃的冰箱中保存2～5小时。

（3）罐装：将果块、糖水与植物源提取物混合后装入玻璃罐中，装罐后放入排气箱，加热至罐内液体的温度为65～75℃后排气，排气后密封，水浴加热杀菌，然后立即用3～5℃的水冷却至20～28℃，得到风味水果罐头。

五、食用注意

不可多食。

传说故事

救人性命的黄皮果

在古代，关于黄皮果还流传着一段美丽的传说。

古时候有一位皇家公主不知得了何种怪病，肚腹久胀，进食积滞不畅，太医给她服了很多贵重药物均未见效，金枝玉叶般的身体日渐衰败凋零。眼见自己的掌上明珠遭此病痛，被折磨得不像样子，皇帝忧心如焚，便下一旨：谁有良药治好公主之病必得重赏。然后一个小伙子上前揭榜，带上黄皮果进京应旨。

他让公主食用了一段时间的黄皮果后，公主的身体竟奇迹般地好起来。于是龙心大悦，皇帝问小伙子要官还是要宝，可以尽管说。小伙子说他什么都不要，只要回家乡。而公主此时已觉得自己再也离不开小伙子和黄皮果了，愿随他一起回家乡，皇帝也只好允了。于是皇帝接纳小伙子为婿，并派他俩一起回到小伙子家乡的土地上广植黄皮树，广济天下。

枇杷

昭阳睡起人如玉，妆台对罢双蛾绿。
琉璃叶底黄金簇，纤手拈来嗅清馥。
可人风味少人知，把尽春风夏作熟。

——《咏枇杷》（南宋）周必大

一、食材基本特性

拉丁文名称，种属名

枇杷［*Eriobotrya japonica*（Thunb.）Lindl.］，蔷薇目、蔷薇科、枇杷属植物，落叶乔木，又名芦橘、金丸、芦枝等。

形态特征

枇杷植株高大，最高可达10米，树冠呈圆头形，冠径一般为4~5米。顶芽分叶芽和花芽，腋芽只有叶芽而无花芽。同一植株上，春梢上的叶片较大，夏梢和秋梢上的叶片小，冬梢上的叶片最小。花穗为顶生圆锥状混合花序，花瓣为白色、绿白色或淡黄白色。成熟的枇杷果实味道甘美，形如黄杏。枇杷柔软多汁，风味酸甜，根据其果肉的大小和色泽可以将其分为白肉枇杷和红沙枇杷两类。

习性，生长环境

枇杷原产于中国，在中国的种植历史已达千年。目前，枇杷已在世界各地广泛栽培；在我国浙江、安徽、福建等地均有种植。枇杷花期为10—11月，果期为来年的5—6月。枇杷喜温暖湿润气候，适宜生长温度为15~17℃，幼苗喜散光，成年树要求光照充足；枇杷喜空气湿润、水分充沛的环境，要求年降雨量在1000毫米以上，且分布较均匀。枇杷对土壤要求不高，在一般的土壤中均能正常生长结果，但以土层深厚、土质疏松、富含腐殖质的砂质、砾质壤土或黏土为佳。枇杷对土壤酸碱度适应范围广，在红壤（pH值为5）及石灰土（pH值为7.5~8.5）中均能生长，但较适宜pH值为6左右。

二、营养及成分

每100克枇杷部分营养成分见下表所列。

碳水化合物	8.5克
蛋白质	0.8克
膳食纤维	0.8克
脂肪	0.2克
钾	122毫克
钙	17毫克
镁	10毫克
维生素C	8毫克
磷	8毫克
钠	4毫克
铁	1.1毫克

三、食材功能

性味 味甘，性平。

归经 归肺、胃二经。

功能

（1）润肺止咳。枇杷中含有苦杏仁苷，对于肺热咳嗽所致的痰多咳嗽等症状有治疗作用。不仅是果，其叶亦有此功效。

（2）预防流感。枇杷中含有丰富的维生素，其中的维生素C可以提高机体的免疫力，促进人体新陈代谢，进而抵抗外来病毒的入侵，因此有预防流感的作用。

（3）抗感染作用。枇杷中含有齐墩果酸，齐墩果酸有广谱的杀菌消炎作用。

四、烹饪与加工

生食

将枇杷剥皮后，直接生食，酸甜可口。

枇杷银耳粥

（1）材料：枇杷，银耳，百合。

（2）做法：熬煮。

（3）功效：润肺，止咳，护肤。

枇杷枸杞雪燕羹

（1）材料：枸杞12粒，冰糖13克，雪燕干品3克，枇杷6个。

（2）做法：将雪燕干品用水泡发一夜；把泡发后的雪燕洗净；把枇杷去皮去芯；在锅内放入两碗水，加入雪燕煮10分钟后加入冰糖；再加入枇杷和枸杞，煮2分钟即可。

（3）功效：治肺气，润五脏。

枇杷花蜜酒

（1）原料组成：枇杷花蕾，糖，发酵曲母，水，枇杷蜜。

（2）第一期发酵：取上述原料搅拌混合均匀后，放入密封无菌罐中进行30～90天的第一期发酵，期间适当搅拌。

（3）第二期发酵：对发酵获得的物料进行酒渣分离，将分离的酒液放入密封无菌罐内自然沉淀1个月以上，最后将去除沉淀物的液体放入密封无菌罐中进行至少1个月的第二期发酵。

（4）功效：消除疲劳。

五、食用注意

（1）脾胃虚弱、溏泄者忌食枇杷。

（2）因枇杷含糖分较多，糖尿病患者慎食。

延伸阅读

川贝枇杷膏

念慈庵的故事发生在康熙年间，县令杨谨因为孝敬母亲，被人们称为“杨孝廉”。他幼年丧父，母亲因为长期辛苦劳作，得了肺弱咳嗽的病，总是治不好。杨孝廉非常着急，四处寻访名医为母亲治病，终于从神医叶天士那里得到了蜜炼川贝枇杷膏的药方，治好了母亲的病，杨太夫人最终以八十四岁高龄仙逝，临终前嘱咐杨孝廉广制蜜炼川贝枇杷膏，造福人世。杨孝廉为纪念母亲和叶天士的恩泽，便以“念慈庵”之名制膏布施。

杨桃

广州好，过海踏花行。
花埭素馨连紫陌，
杨桃清脆味乡情。
尧日照天晴。

——《望江南·广州好》
（现代）朱光

一、食材基本特性

拉丁文名称，种属名

杨桃（*Averrhoa carambola* L.），酢浆草科、阳桃属植物，乔木，又名五汇、鬼桃、三棱子、星梨等。

形态特征

杨桃植株高可达12米，分枝甚多；树皮为暗灰色，内皮为淡黄色。奇数羽状复叶，互生。花小，微香，多朵花组成聚伞花序或圆锥花序，花枝和花蕾为深红色。浆果为肉质，下垂。种子为黑褐色。杨桃果实呈漂亮的椭球形，有5个漂亮的菱角，从底部的菱角来看，杨桃呈漂亮的五角星形，果肉脆、甜且鲜嫩多汁。

习性，生长环境

杨桃主要分布于美国、巴西、澳大利亚等国和东南亚等地，在我国广东、广西、福建、台湾、云南等地均有栽培。杨桃的花期在4—12月，果期在7—12月。杨桃喜高温湿润气候，不耐寒，适宜温度为25~30℃，温度低于15℃则停止生长，以土层深厚、疏松肥沃、富含腐殖质的壤土栽培为宜。

二、营养及成分

每100克杨桃部分营养成分见下表所列。

碳水化合物	6.2克
植物性粗纤维	1.2克
蛋白质	0.6克

脂肪	0.2克
镁	10毫克
维生素B和维生素C	7毫克
钙	4毫克
维生素A	3毫克
铁	0.4毫克
锌	0.4毫克

三、食材功能

性味 味甘、酸，性平。

归经 归肺、胃经。

功能

（1）清咽利嗓。杨桃中含有丰富的微量元素和维生素，能有效缓解慢性咽喉炎。

（2）健胃消食。杨桃中含有丰富的有机酸，有利于胃液的分泌，提升机体消化功能，可用于治疗消化不良、食欲不振等症状。

（3）清热排毒。杨桃性寒，可缓解人体内脏的积热，祛除热感。此外，杨桃中含有丰富的膳食纤维，有助于润肠通便，排出毒素。

（4）消除疲劳，解酒毒。杨桃中糖类、维生素C及有机酸含量丰富，其中的果糖和葡萄糖易被人体吸收，能迅速补充体力，缓解疲劳感。杨桃果汁充沛，能迅速补充人体所需水分，并使酒毒随小便排出体外。

四、烹饪与加工

生食

清洗杨桃，把杨桃的皮削掉，否则咬不动。可以直接切成片，切成的片呈五角星状。

杨桃果汁

做法：将杨桃洗干净，削皮取籽后，放进榨汁机里，榨成果汁，最后放上杨桃块装饰即可。

杨桃果汁

杨桃杂粮粥

（1）材料：杨桃，晚米，芡米，冰糖。

（2）做法：将上述材料与水一起放入锅中小火慢炖。

（3）功效：健脾益胃，增强体质。

杨桃炖蛋

（1）材料：杨桃1个，牛奶250毫升，白砂糖1小勺，鸡蛋2个。

（2）做法：将杨桃切薄片与牛奶、白砂糖一起放进锅里小火炖至糖溶化；滤出奶液；把鸡蛋打散，筛入奶液中拌匀；倒入盘中，盖碟大火蒸至凝固，约10分钟，中途5分钟左右时放入杨桃星块。

五、食用注意

杨桃寒，凡脾胃虚寒、食欲不振、腹泻者，宜适量食用。

杨桃名字的来历

传说在很久以前，一天晚上，七位仙女下到凡间，在白鹅潭玩，被远远飘来的浓郁花香吸引到花地。却听到花丛中传来哭声，她们循声前行，来到一间茅屋前，这是杨桃婶的家，杨桃婶正伏在家门悲切地哭。七位仙女问她为何而哭。原来官府要求心灵手巧的杨桃婶在七夕乞巧节前，采集茉莉、素馨、白兰等各式花朵，穿织成蝴蝶、鱼虾、彩灯等千件花饰，以打动巡抚大人的千金，并威胁杨桃婶，若她不能在限期内完成任务，则要严惩治罪。

七位仙女非常同情杨桃婶的遭遇，于是借来天上的星星，挂在茅屋四周的树上，又到田里采集花朵，帮杨桃婶一起穿织花饰，终于在天快亮时把所有花朵穿成花饰。仙女们回到天上，留在树上的星星结成果子，由于果子结在杨桃婶的周围，人们便都称之为“杨桃”。

杨梅

折来鹤顶红犹湿，剜破龙睛血未干；
若使太真知此味，荔枝焉得到长安？

——《咏杨梅》（明）徐阶

一、食材基本特性

拉丁文名称，种属名

杨梅［*Myrica rubra*（Lour.）S. et Zucc.］，杨梅目、杨梅科、杨梅属植物，常绿落叶乔木，又名龙睛、执子、烟花果、珠梅、圣僧等。

形态特征

杨梅植株高可为15米以上，树皮为灰色，树冠为圆球形。杨梅果实为球状，直径为1～1.5厘米，有一些栽培品种果实较大，可以达到3厘米左右；果实表面具有乳头状凸起，在生长成熟后为紫红色、深红色，味道酸甜；果实成熟时间为夏季，在6—7月份的时候成熟。另外，它的核为圆卵形或阔椭圆形，内果皮是非常坚硬的。

习性，生长环境

杨梅原产于我国，在印度、斯里兰卡、缅甸、越南、泰国、韩国、菲律宾、尼泊尔等国家也有分布；在我国云南、贵州、浙江、江苏、福

杨　梅

建、广东、湖南、广西、江西、四川、安徽、台湾等地均有栽培。杨梅主要生长在温带、亚热带湿润气候的海拔125～1500米的山坡或山谷林中，杨梅对生长环境有一定要求，喜欢较为温暖、湿润的生长环境。它在生长期间对温度和光照都有要求，温度不能低于−9℃，年平均温度在15～20℃为佳。杨梅对光照要求不严，怕高温、烈日照射，在比较阴暗的山谷也很适宜，适合生长在土壤深厚、肥沃的砂质黄壤土或砂质红壤土中。

二、营养及成分

每100克杨梅部分营养成分见下表所列。

碳水化合物	5.7克
膳食纤维	1克
蛋白质	0.8克
脂肪	0.2克
钙	14毫克
镁	11毫克
维生素C	9毫克
磷	8毫克
铁	1毫克
维生素E	0.8毫克
钠	0.7毫克
锌	0.1毫克
维生素B_2	0.1毫克

三、食材功能

性味 味甘、酸，性温。

归经 归肺、胃经。

功能

（1）和胃止呕，促进消化。杨梅含有丰富的有机酸，可促进胃液的分泌，从而增强食欲，可用于缓解食欲不振、消化不良等症状。

（2）祛暑，生津止渴。新鲜杨梅可生津止渴，还可以预防中暑，去痧，解除烦渴。

（3）收敛，消炎，止泻。杨梅性味酸涩，具有收敛消炎的作用。此外，杨梅对大肠杆菌具有抑制作用，故对下痢不止者有疗效。

四、烹饪与加工

梅汁烤仔排

（1）原料：杨梅汁100克，排骨400克，植物油、糖、盐、白醋适量。

（2）做法：将排骨切成小段，清洗干净备用；在锅内加入植物油，大火加热至六成左右，放入排骨再用小火炸一分钟，起锅沥油；加入适量的水、杨梅汁、糖、盐、白醋，放入炸好的排骨，用大火慢慢烧开，中小火烧10分钟左右，汤汁浓稠时，起锅装入汤盆。

杨梅葡萄鱼

（1）原料：鲈鱼1条，杨梅200克，鸡蛋2个，盐、黄酒、胡椒粉、葱、姜、水淀粉、面粉、植物油、糖、醋适量。

（2）做法：取鲈鱼，去骨，打花刀，用盐、黄酒、胡椒粉、葱、姜腌制15分钟；将杨梅放入烧热的锅里，加水，大火烧开再转小火炖，熬汁水，20分钟后，将杨梅打烂，去渣留汁；将鲈鱼用鸡蛋黄抓匀再拍上面粉。在炒锅内放油大火烧至五成，将腌制好的鱼放入热油锅炸；待鱼定型后，再复炸，至微黄，捞起，摆盘。将杨梅汁过滤后，调味，加少许糖、醋，调味适当后用水淀粉勾芡，浇至鱼上。

杨梅鲜果炖木瓜

（1）原料：木瓜1个，杨梅适量。

（2）做法：将木瓜肉去核取出，中火蒸40分钟；将杨梅去核后，放入木瓜再用小火蒸10分钟左右。

糯米杨梅果酒

（1）制备糯米杨梅果酒发酵液：向糯米发酵液中加入杨梅汁，并加入活化酵母水溶液，搅拌均匀后放置在密封容器中，于15~30℃发酵3~6天，获得糯米杨梅果酒发酵液。

糯米杨梅果酒

（2）制备糯米杨梅果酒：将所得糯米杨梅果酒发酵液过滤，向所得滤液中加入放置在过滤容器中的杨梅渣粉末，静置2～5天后去除杨梅渣粉末，并进行杀菌处理，获得糯米杨梅果酒。

（3）特点：果香纯正、清雅，容易入口，口感绵柔。

五、食用注意

（1）糖尿病患者慎食。

（2）溃疡病患者慎食。

传说故事

西施与杨梅

相传2000多年前，江南各地人烟稀少，土地荒芜。越国大夫范蠡帮助越王勾践打败吴国后，决定隐居山野，永不从政。一次，勾践大摆庆功宴席，范蠡带着西施悄悄离开了都城。他们遇河搭桥，逢山觅路，不久来到会稽山中。范蠡觉得此地虽然渺无人烟，但山上有果木，山下有清泉，是个安身的好地方。于是他们就伐木为梁，割茅为瓦，住了下来。

初到山野，他俩来不及开垦种植，只得上山采摘野果充饥。由于当时正值夏至，山上虽有满山野果伸手可得，可惜这些野果酸得掉牙，涩得麻舌。西施吃得皱眉，范蠡心急如焚。可怜这位满腹经纶名闻天下的大夫，有计谋可退敌，却苦苦思索也无法改变野果的酸涩之味。无奈之下，他发疯似的摇着一棵棵果树，直摇得满手是血。这时西施闻声上山，看到范蠡手上殷红的鲜血往下滴，心疼得失声痛哭，泪珠滴在被鲜血染红的果实上。可能是范蠡的虔诚感动了上苍，这时，染血的野果一下子变得水灵灵的。当西施把它放进嘴里时，已是香甜可口。

于是，他们把吃剩的残核种在地里，世世代代传了下来，野果变成了现在的杨梅。

青梅

青梅如豆试尝新，脆核虚中未有仁。
勘破收香藏白处，冰肌玉骨是前身。

——《尝春梅》（南宋）白玉蟾

一、食材基本特性

拉丁文名称，种属名

青梅（*Vatica mangachapoi* Blanco），山茶亚目、龙脑香科、青梅属植物，落叶小乔木，又名果梅、酸梅、梅子等。

形态特征

青梅植株的叶互生；托叶1对，早落；叶片为阔卵形或卵形，长6～8厘米，宽3～4.5厘米。花单生或2朵簇生在枝上，白色或红色，花梗极短。少数果实面向阳部稍带红晕，味酸或稍带苦涩，成熟期果实介于白梅与红梅之间，未成熟果实称为“青梅”，初熟时称为“黄梅”，经烟熏至黑色时称为“乌梅”。

习性，生长环境

青梅是我国特有的果树品种之一，在《尚书》《礼记》等古籍中有种植青梅的记载。目前，青梅主要分布于越南、泰国、菲律宾、印度尼西亚和中国，在我国海南、台湾等地均有种植。青梅的花期是5—6月，果期是8—9月。青梅主要生长在海拔700米以下的丘陵、坡地林中。它是一种喜光植物，喜温暖湿润气候，要求年平均温度为16℃左右，根系浅，抗旱力差，耐寒，对土壤要求不高，但对钾肥需求量大。青梅寿命长，在排水良好、肥沃、背风向阳、气候暖湿的沙壤土中生长最好。

二、营养及成分

每100克青梅部分营养成分见下表所列。

碳水化合物	9.1克
蛋白质	0.8克
膳食纤维	0.4克
脂肪	0.2克
钙	12毫克
镁	4毫克
钠	3毫克

三、食材功能

性味 味酸，性平。

归经 归肝、肺、脾、大肠经。

功能

（1）健脾开胃。青梅中含有枸橼酸、琥珀酸、酒石酸等有机酸，它们能够刺激消化液分泌，进而对食欲不振、消化不良的人有很好的健脾开胃的作用。

（2）消除疲劳，恢复体力。青梅中含有的柠檬酸等成分，能够促进三羧酸循环，产生热量，起到消除疲劳、恢复体力的作用。

（3）改善肠胃功能。青梅中含有儿茶素，可促进肠道正常蠕动，同时还可促进肠壁收缩，缓解慢性便秘。

（4）护肝解毒。青梅含有丙酮酸、齐墩果酸等活性化学物质，能有效保护人体肝脏，改善肝脏的解毒代谢功能。

四、烹饪与加工

生食

把青梅用水洗干净，直接食用，酸甜可口。

腌制青梅

（1）材料：青梅500克，盐500克。

（2）做法：将青梅用盐搓洗，去蒂、滤水、晾干；将青梅和盐混合放入罐中腌渍1个月即可。

腌制青梅

青梅紫苏小排

（1）材料：小排500克，青梅酱2汤匙，青梅若干，紫苏叶8片，料酒1汤匙，生抽1汤匙，蚝油1汤匙，八角2枚，小葱、姜少许，植物油适量。

（2）做法：将小葱打结，姜切片，与小排同冷水入锅，去杂质；开中火，入薄油，煎炒小排至表面金黄；加八角、生抽、料酒、蚝油与青梅酱，炒匀；倒入与小排等高的热水，小火炖煮40分钟；将泡好的紫苏叶放入小排中，搅拌均匀；小火炖煮1小时左右后大火收汁；放入几枚煮过的青梅与些许小葱末即可装盘出锅。

青梅酒

（1）原料准备：把青梅果实制成青梅果浆。

（2）发酵：把青梅果浆放置在发酵罐内，放入糖（其质量为果浆质量的12%），经充分搅拌后形成浆糖混合醪液，放入酵母（其质量为浆糖混合醪液质量的1.0‰～1.2‰），充分搅拌后进行主发酵，主发酵温度为(26±2)℃，主发酵时每隔10～12小时对发酵罐内的混合液进行搅拌；

进行后发酵，温度为（20±2)℃；使混合醪液自然沉清，形成新酒，自然沉清的时间为35～40天。

（3）过滤，陈酿：把制成的新酒进行初步过滤，去掉酒脚；把新酒过滤后的液体部分放入陈酿罐内，保持12～15℃，进行陈酿，陈酿期间需进行2～3次倒罐，得到陈酒。

（4）陈酒过滤，罐装：把陈酒再次进行过滤，对过滤后的液体部分进行装瓶、密封及包装。

青梅酒

五、食用注意

患溃疡病及胃酸过多的老人忌食新鲜青梅。

延伸阅读

青梅竹马

“青梅竹马”出自唐代诗人李白《长干行》一诗：“郎骑竹马来，绕床弄青梅。同居长干里，两小无嫌猜。”本诗描写一位女子思夫心切，愿从住地长途跋涉数百里远路迎接丈夫，诗的开头回忆他们从小在一起亲昵地嬉戏。

后来，用“青梅竹马”和“两小无猜”来形容天真、纯洁的感情长远深厚，也可以把“青梅竹马、两小无猜”放在一起使用，意思不变。后人就以“青梅竹马”称呼小时候在一起玩的男女，尤其指长大之后恋爱或结婚的。

桃金娘

青楼遇见负心郎，美若红霞坠落荒。
善有善报修正果，药食同源桃金娘。

——读民间故事《桃金娘》

（现代）陈若愚

一、食材基本特性

拉丁文名称，种属名

桃金娘（*Rhodomyrtus tomentosa*），桃金娘目、桃金娘科、桃金娘属植物，灌木，又名岗稔、山稔、多莲、当梨根、稔子树、豆稔、仲尼、乌肚子、桃舅娘等。

形态特征

桃金娘植株高可达2米；叶对生，革质，呈椭圆形或倒卵形；花常单生，紫红色，萼管为倒卵形，萼裂片近似狭长椭圆形，花瓣呈倒卵形，雄蕊呈红色；浆果为卵状壶形，熟时为紫黑色。夏日花开，绚丽多彩，灿若红霞，边开花边结果。成熟果可食，同时也可用来酿酒，是其他鸟类重要的天然食源。

习性，生长环境

桃金娘主要分布于中国、菲律宾、日本、印度、斯里兰卡及印度尼西亚等地，在我国的台湾、福建、广东、广西、云南、贵州及湖南等省（区）均有种植。桃金娘的花期是5—7月，果期是7—9月。桃金娘主要

桃金娘

生长在丘陵灌丛及荒山草地中。它是一种喜充足阳光、温暖、湿润环境的植物，喜酸性土壤，属于酸性土指示植物，耐瘠薄土壤。

二、营养及成分

每100克桃金娘部分营养成分见下表所列。

碳水化合物	16.3克
蛋白质	1克
钾	230毫克
维生素C	78毫克
磷	15毫克
钙	14毫克
镁	10毫克
铁	1.2毫克
钠	1毫克
锌	0.6毫克
维生素B_2	0.1毫克

三、食材功能

性味 味甘、涩，性平。

归经 归肝、脾、肺经。

功能

（1）补充营养。桃金娘营养价值很高，味道酸中带甜，而且略带涩味，在成熟后多为深紫色，去掉果皮可直接食用。

（2）去油腻，促消化。桃金娘的果实中含有多种活性酶和果酸，这些物质能促进消化液分泌，并能加快人体的脂肪和蛋白质分解速率，能让它们转化成容易被人体吸收的物质。食用桃金娘能去除油腻，缓解消化不良。

（3）解毒消肿。桃金娘的叶可以入药，是一种能解毒消肿的中药材。当被毒蛇咬伤或者被蜜蜂蜇伤，引发皮肤红肿、疼痛时都能直接用桃金娘的叶子来治疗。

（4）祛风除湿，消肿止痛。桃金娘的根可入药，具有疏通经络、祛除寒气的作用，在出现肢体麻木或关节红肿疼痛等不良症状时，及时服用桃金娘根就能起到特别明显的缓解作用。

四、烹饪与加工

生食

可以直接食用。

桃金娘泡酒

（1）选材：白酒8斤，桃金娘2斤，红枣、枸杞、冰糖适量。

桃金娘泡酒

（2）做法：选取新鲜的桃金娘晒干；晒干后放入锅中蒸，再晒干，重复3遍；搭配红枣、枸杞、冰糖一起泡酒。

（3）功效：活血通络。

桃金娘果汁

（1）选材：新鲜桃金娘。

（2）做法：榨汁。

（3）功效：桃金娘果汁富含多种维生素和花青素，具有滋养皮肤的功效。

桃金娘口服液

（1）原料组成：桃金娘酒，山药，党参。

（2）做法：将原料进行混合调配。

（3）功效：缓解头晕头痛、耳鸣、气血失调、虚弱亏虚等症状。

五、食用注意

大便秘结者慎食。

桃金娘的由来

在广西，流行着一个传说。从前老百姓为了反抗封建统治者征兵，纷纷逃亡到山林里去，带的粮食不多，没几天便吃完了。正在饥饿难熬的时候，有人发现一种小树，生着一种形似石榴、和樱桃一般大小的果实，皮色有点暗红，看上去肉质多浆，可以充饥。他也不管有没有毒，便伸手去摘下一颗来吃。出乎意料的是，这种果实甜美可口。于是他连忙招呼同伴一起来采。一处吃完了，又到别处去寻找。他们住在山上，便依靠这种果子维持生命。直到事情过了，他们才安然下山。为了纪念这一次的遭遇，老百姓便给这种植物起了一个名字，叫作“逃军粮”，直到现在还这样称呼着。

“逃军粮”是“桃金娘”的谐音，或者“桃金娘”是“逃军粮”的谐音吧。《本草纲目拾遗》记载：“《粤志》：草花之以娘名者，有桃金娘，丛生野间，似梅而末微锐，似桃而色倍赪，中茎纯紫，丝缀深黄如金粟，名桃金娘，八九月实熟，青绀若牛乳状，产桂林，今广州亦多有之。”

桃金娘长在桂林附近的丘陵间，极为常见。性喜燥热，常与杂草丛生。这是一种热带植物，在中国台湾也极为常见。

酸角

酸角产黔地，果期凌早寒。树繁碧玉叶，挂果黄金角。平原何不生，唯此独有叹。

——《罗望子》（清）邵琪

一、食材基本特性

拉丁文名称，种属名

酸角（*Tamarindus indica* L.），蔷薇目、豆科、酸豆属植物，落叶乔木，又名罗望子、酸果等。

形态特征

酸角植株高大粗壮，树枝细长，树枝上挂有成串的褐色钩状酸角豆荚。酸角果为圆筒状，略圆胖；种子数粒；果壳为黄褐色，长7~15厘米，宽约2.5厘米，果壳干燥薄脆易破裂，可轻轻压破果壳取出果肉食用；果肉为褐色，与龙眼干相似，果肉酸且甘甜。

习性，生长环境

酸角分布广泛，亚洲是酸角的主要产区，印度、斯里兰卡及东南亚各国均有栽培；在我国福建、台湾、广东、海南、广西、云南等地均有

酸 角

栽培。酸角的花期是2—8月，果期是8—12月至翌年4月。酸角主要生长在海拔1000米以下的近海坡地、荒山斜坡。酸角对水分的需求量不大，耐干旱、喜光照，适宜炎热气候，其适宜生长温度为18~24℃；适合生长在肥沃、疏松的酸性土壤中。

二、营养及成分

每100克酸角主要营养成分见下表所列。

碳水化合物	62.5克
蛋白质	12.8克
膳食纤维	5.1克
脂肪	0.6克
钾	0.6毫克
磷	113毫克
镁	92毫克
钙	74毫克
钠	28毫克
铁	2.8毫克
维生素B_2	0.3毫克
锌	0.1毫克
维生素B_1	0.1毫克
维生素B_6	0.1毫克

三、食材功能

性味 味甘、酸，性凉。

归经 归脾、胃经。

功能

（1）清热解暑。酸角性凉，有清热解暑、生津的功效，可用于伤暑、热病伤津、口渴咽干等症，非常适合在天气炎热的时候食用。

（2）和胃消积。酸角味甘、酸，有开胃下食、和胃消积的功效，可用于食欲不振、小儿疳积、妊娠呕吐、便秘。

（3）防辐射。酸角中所含的多聚糖具有很好的防光作用，能给人体皮肤提供最大限度的保护，防止紫外线辐射伤害皮肤。

（4）抗菌消炎。酸角果肉中的提取物含有抗菌成分，饮用用酸角制成的饮料能起到治感冒、消炎等的作用。

四、烹饪与加工

生食

酸角经剥壳后可直接食用，味道甜美。

酸角煮鸡

（1）材料：鸡肉500克，树番茄100克，酸角3~5个，植物油适量，葱适量，青柠檬汁适量，白砂糖半小匙，姜一小块，盐适量，辣椒少许，香菜适量。

（2）做法：在热锅中放入冷油，放入辣椒、葱、姜、香菜煸炒出香味；放入树番茄煸炒一会，出汁；放入鸡肉翻炒，将鸡肉翻炒出油倒入适量的水煮沸，汤汁沸腾时加入适量酸角，加入适量青柠檬汁、适量香菜和其他调味料炖煮10分钟即可出锅。

酸角玫瑰饮

（1）材料：酸角15个，红糖60克，白砂糖60克，玫瑰花茶适量。

（2）做法：将酸角剥壳后备用；在锅中放入酸角、红糖、白砂糖；加入2升水大火煮开；捞去浮沫转小火炖煮3~5分钟；加入玫瑰花，再煮5分钟；放入冰箱冷藏后饮用。

酸角糕

（1）原料组成：酸角、增味剂、纤维素浆液。

（2）前处理：将选取的酸角经过蒸煮工艺后，去核捣碎成酸角泥。

（3）制作浆液：将增味剂加热熬制成增味浆，将增味浆与酸角泥混合，形成混合物；将混合物在25℃恒温环境下放置4～8小时后，将混合物加热至固液混合的半流体，形成酸角糕浆液。

（4）成品：将所述的酸角糕浆液加热烘干成块后，再切块，即得到所述的酸角糕。

五、食用注意

因脾胃虚寒导致腹泻者慎食酸角。

传说故事

“母子树”的传说

相传在800多年前，云南元谋雷丁村有一户人家，母子二人相依为命。母亲已入花甲之年，因操劳过度而病倒在床。孝顺的儿子便为母亲四处求医，但仍不见好转。求医无效的青年只能转求神灵保佑母亲早日康复。

当地村中有向千年古树祈福的习俗，于是青年每日在一棵千年酸角树前跪拜。据说，祈福一定要在酸角树尚未睡着之时才显灵验，也就是酸角树叶张开之时。于是青年每天从日出酸角树叶张开之时，跪拜至日落时分。7天之后，青年双膝红肿，已不能站立行走，而他的孝心终于感动了酸角神灵。

一天晚上，青年梦到一位绿衣仙女，她对青年说，在西边一座无名山上采摘一棵3000年酸角树的果子煎药服用，母亲就可痊愈，但寻药之路滩多路险，要随身携带灵果酸角，以防不测。于是青年安顿好母亲后远走寻药。一日，青年累倒在山中，想起绿衣仙子的话，拿出酸角服用后，感觉如有神助，体力立刻恢复，这才最终寻到3000年酸角树，并采得宝果医治好母亲。

青年孝顺的故事在村中传开，也让酸角神灵们听闻，青年被酸角神封为孝心神。青年一直细心照顾母亲，直到母亲百年之后，与母亲相依幻化为酸角林中一棵母子树，庇佑村中的老人长寿安康，子孙孝顺。

人心果

人心且叵测，果肉蘸盐吃。
剖开人心果，味美咖啡色。

——《食人心果》
（近代）徐恒升

一、食材基本特性

拉丁文名称，种属名

人心果［*Manilkara zapota*（Linn.）van Royen］，柿目、山榄科、铁线子属植物，乔木，又名吴凤柿、沙漠吉拉、赤铁果等。

形态特征

人心果植株高15~20米，小枝呈茶褐色，具明显的叶痕。叶互生，密聚于枝顶，革质，长圆形或卵状椭圆形；叶柄长1.5~3厘米。1~2朵花生于枝顶叶腋；花冠为白色，先端具不规则的细齿；花丝为丝状，花药为长卵形；子房呈圆锥形；花柱呈圆柱形，基部略加粗。浆果为纺锤形、卵形或球形；种子扁。人心果因它的浆果剖面似人心而得名。

习性，生长环境

人心果主要分布于美洲和东南亚地区；在我国云南、广东、广西、福建、海南、台湾等地均有栽培。人心果的花果期是4—9月。人心果性

人心果

喜高温多湿的环境，不耐寒，其适宜生长温度为22~30℃，人心果幼苗对温度的变化非常敏感，达到5℃便会受害，且低于0℃的话还会死亡。人心果适应力较强，对土壤的要求不高，野生的人心果能够在大部分的土壤中正常生长。人心果树生长力强，花果率高，因此对水分的需求量大，缺水会导致人心果出现落花落果现象，严重影响产量。人心果有着较强的耐荫性，可以与其他果树进行混种。

二、营养及成分

每100克人心果部分营养成分见下表所列。

碳水化合物	20克
脂肪	1.1克
蛋白质	0.4克
钾	193毫克
钙	21毫克
维生素C	14.7毫克
镁	12毫克
钠	12毫克
膳食纤维	5.3毫克
维生素A	3毫克
铁	0.8毫克
维生素B_3	0.2毫克

三、食材功能

性味 味甘，性平。

归经 归肝、肺经。

功能

（1）改善低糖，补充能量。人心果葡萄糖含量高，易吸收。食用后可减少低糖症状的出现，起到及时补充人体所需能量的作用。

（2）清肺润肺。人心果对于肺燥具有调理和保健作用，可用于肺炎和咳嗽的辅助性治疗。

（3）补充钙质，预防骨质疏松。人心果中含有丰富的钙质，钙能维持人体血钙平衡，防止由缺钙而引起的骨质疏松等病症。

四、烹饪与加工

生食

人心果经剥皮后可直接生食，酸甜可口。

人心果百合羹

（1）材料：人心果，百合，银耳。

（2）做法：将上述材料一起熬煮。

（3）功效：润肺，止咳，护肤。

人心果果脯

（1）人心果预处理：取新鲜饱满、无病虫害、大小均匀的成熟人心果，使用喷淋设备将人心果清洗干净，再放入切缝机对半切开，去核。

（2）糖液制作：取适量水，放入不锈钢夹层锅中，烧开，加入质量为水的质量的35%～60%的白砂糖、0.2%～0.3%的柠檬酸，加热溶解，制得糖液。

（3）煮制：将人心果、糖液中火煮制8～12分钟，煮制结束倒入浸渍缸中浸渍10～20小时进行吸糖，吸糖结束可再继续煮4～6分钟，制得湿人心果果坯。

（4）烘制：可将湿人心果果坯送入烘干室，烘干室温度控制为60～65℃，烘制3～10小时，烘至人心果果肉不黏手即可，烘制过程中可适当翻动，使果脯含水量保持在15%～20%。

（5）包装，检验：将人心果果脯置于无菌的环境中，用食品级包装物进行包装，检验合格的果脯贮存于清洁、干燥、通风的库房中。

人心果秋葵复合果蔬干

（1）滤液准备：将薰衣草、荷叶、竹叶混合，用乙醇水溶液浸泡，过滤取滤液。

（2）细加工：将块状人心果、滤液、柠檬酸混合，浸泡，冻干，粉碎，得人心果粉末；对秋葵进行清洗消毒杀菌，将蜂蜜、橄榄油、食品级抗氧化剂、白酒混合，浸泡秋葵，取出秋葵并进行干燥，粉碎，得秋葵粉末。

（3）成品：将上述所有粉末进行混合，冷却，切条，干燥，得人心果秋葵复合果蔬干。

五、食用注意

未成熟的绿色人心果味苦，不能食用。

比干与人心果

相传，商代末年，殷纣王暴虐荒淫，横征暴敛，比干叹息道：“主暴不谏，非忠臣也，畏死不言，非勇士也。见过则谏，不用则死，忠之至也。”遂至摘星楼强谏三日也不离开。纣问何以自恃，比干曰：“恃善行仁义所以自恃。”殷纣王大怒：“吾闻圣人心有七窍，信有诸乎？”遂杀比干剖视其心，比干终年60多岁。

比干死后，天降大风，飞沙走石，卷土将比干骨葬于河南新乡卫辉，故称其墓穴为天葬墓，在天葬墓四周生出许多没心菜和空心柏树。唯独原不结果的灵童树结出似人心形的实心果，人们认为这实心果就是比干的心所变的。从此，就将灵童树改名为人心果树。

之后，有一年春天，一阵狂风将人心果树连根拔起，吹落至海南岛，从此人心果树便在海南岛生根，开花，结果。

人参果

幻化何缘成此身？累劫愿力注青春。
众生得乐宁舍我，一念不行枉费心。
遥见秋来枝上笑，但惜春去雨中新。
佛心可化身千亿，一粒微尘一善根。

——《咏人参果》（唐）佚名

一、食材基本特性

拉丁文名称，种属名

人参果（*Solanum muricatum* Aiton），茄科、茄属植物，多年生草本植物，又名香瓜茄、长寿果、凤果、艳果等。

形态特征

人参果植株高50～100厘米，茎外被白色的柔毛，较柔软，多分枝，近圆形。无托叶，叶互生，单叶，叶呈椭圆形。花两性，聚伞花序，具花5～12朵，小花梗细长。果实为浆果，呈心形，上面有紫色的条纹。

习性，生长环境

人参果原产于南美洲安第斯山北麓，在我国青海、甘肃、四川、贵州、云南、湖北、湖南、江西、福建、安徽、河南、陕西、广西等地均有栽培。人参果的花期是4—6月，果期是9—11月。人参果主要生长在

人参果

海拔1000～2000米的林下阴湿处、溪边或路旁。人参果喜欢温暖舒适的生长环境，适合生长的温度是18～25℃，温度不能高于38℃，也不能低于8℃，否则会生长不良。人参果对土壤的要求不高，但是在腐殖质较多的砂质土壤中生长更好。

二、营养及成分

每100克人参果部分营养成分见下表所列。

碳水化合物	3.1克
蛋白质	1.9克
脂肪	0.2克

三、食材功能

性味 味甘，性温。

归经 归脾、胃经。

功能

（1）生津止渴。人参果内含有大量汁液，可以增加人体中的津液而缓解口渴，有助于缓解咽喉干燥的症状。

（2）增强免疫力。人参果富含多种维生素，其中的维生素C能软化血管，刺激造血功能，还能增加食欲，加强肠胃的吸收功能，增强人体抵抗力。

（3）对心血管有益。人参果富含的硒、钼、钴、铁、锌为人体必需的微量元素，硒元素是一种强氧化剂，能维持机体正常的生理功能，激活人体细胞，还能刺激免疫球蛋白及抗体的产生，起到保护心血管的作用。

四、烹饪与加工

人参果炒肉片

（1）材料：人参果，猪里脊肉，葱，姜，蒜，淀粉，植物油，盐、生抽少许。

（2）做法：先将猪里脊肉洗净切片后，再用淀粉和少许的植物油腌制5分钟，在锅中烧油，放入猪里脊肉待熟透后，放入葱、姜、蒜等，翻炒片刻后，再加入盐、生抽，待出锅前加入人参果提色调味即可。

人参果奶渣糕

（1）材料：人参果，奶油，红糖，葡萄干，杏仁。

（2）做法：准备模具盒，在模具盒中依次加入人参果、奶油、红糖、葡萄干和杏仁，随后用力搅拌，待搅拌均匀之后，放入冰箱中，冷冻成糕即可食用。

人参果果酒

（1）选料：将成熟人参果采下，存放3~5天，剔除病斑、污染果及烂果，选留合格鲜果作人参果果酒的原料。

（2）杀菌，破碎：将合格人参果喷淋冲洗后，放入3%杀菌池，水浴3~5分钟，再用清水清洗一遍；将清洗好的人参果用打浆机破碎。

（3）发酵：将发酵室预热到20~30℃，添加酵母和糖化酶搅拌均匀；配料后第一、二两天温度保持在25~28℃，不封缸口，每隔2~3个小时搅拌一次；第三天温度保持在20~25℃，密封缸口；第四至第八天温度保持在18~22℃。

（4）调配，陈酿：将发酵好的人参果酒经砂芯过滤器过滤，即得粗滤果酒，将粗滤果酒加纯化食用酒精进行酒度调整，搅匀后将果酒盛入小口坛中，密封至少30天，陈酿结束用过滤器再精滤一遍，即得人参果果酒。

人参果冻干片

（1）原料：人参果。

（2）做法：将人参果切片，冷冻干燥。

（3）特点：一方面保留了人参果丰富的营养成分，另一方面便于储存。

五、食用注意

（1）未成熟的人参果最好勿食，否则会引起中毒。

（2）糖尿病人不宜多食，常食，久食。

传说故事

人参果的味道

有四个读书人，都想知道人参果的味道，就先后拜访当年吃过这果子的唐僧师徒。回来后，第一人说："人参果味道甘美鲜甜，十分好吃！"第二人也说："的确如此！"第三人则连连点头，表示赞同。第四人却不同意他们的说法："你们听来的都不准确，人参果吃到嘴里滑溜溜的，并无什么特别的味道。"为什么会这样呢？原来，他们所说的人参果和唐僧师徒吃的人参果并非一种水果，当然不能直接进行比较。

鳄梨

从来牛果胜黄油，几世神医药典收。
润眼护肝萝卜素，保湿抗老鳄梨油。
丛林自古出珍宝，国粹如今自汕头。
盛世升平仍有梦，养生黎庶也添筹。

——《七律·牛油果油》
（现代）王耀华

一、食材基本特性

拉丁文名称，种属名

鳄梨（*Persea americana* Mill.），樟科、鳄梨属植物，常绿乔木。鳄梨又名牛油果、油梨等。

形态特征

鳄梨植株高约10米，树皮呈灰绿色，纵裂。叶互生，长椭圆形、椭圆形、卵形或倒卵形。花为淡绿带黄色，长5~6毫米，花梗长达6毫米，密被黄褐色短柔毛。果实大，通常呈梨形，有时呈卵形或球形，黄绿色或红棕色，外果皮为木栓质，中果皮为肉质，可食。

习性，生长环境

鳄梨原产于美洲，在欧洲中部、菲律宾和中国均有分布；在我国广东、海南、福建、台湾、云南及四川等地都有栽培。鳄梨的花期在2—3月，果期在8—9月。鳄梨主要生长在年降水量1000毫米以上的地区，鳄梨喜光，喜温暖湿润气候，在高温高旱的地区不宜生长。鳄梨属浅根性树种，枝条较脆弱，故抗风能力差，宜选择避风地。鳄梨对土壤要求不高，但更适宜生长在排水良好、土层深厚、肥沃的沙质壤土中。

二、营养及成分

据测定，鳄梨中含有植物甾醇、麦角甾醇、叶酸盐、肌醇、磷酸、卵磷脂和倍半萜等活性成分。每100克鳄梨部分营养成分见下表所列。

碳水化合物	7.4克
蛋白质	2克
钾	599毫克
镁	39毫克
钙	11毫克
钠	10毫克
维生素C	8毫克
铁	1毫克

三、食材功能

性味 味甘、酸，性凉。

归经 归肝、肺、大肠经。

功能

（1）保护心血管。鳄梨中含有的不饱和脂肪酸丰富，约占所有脂肪的80%，能够有效减少、预防心血管方面疾病的发生。

（2）促进大脑发育。鳄梨中含有的大量叶酸成分能够有效预防胎儿畸形、心血管疾病。叶酸能够帮助预防胎儿出现先天性神经缺陷以及减少成年人患心脏疾病的概率。

（3）改善发质。鳄梨中含有大约30%的油酸，油酸属于珍贵的植物性油脂，能够帮助改善干枯毛躁的头发，帮助头发恢复润泽状态。

（4）改善便秘。鳄梨中还含有大量的不可溶纤维，能够有效加快人体消化速率，在加快肠道运动的同时，还能够快速排出堆积在体内的残留物，有效防治便秘。

（5）缓解糖尿病。鳄梨果肉含糖率极低，为香蕉含糖率的1/5，是糖尿病人难得的高脂低糖食品。

四、烹饪与加工

生食

直接食用。

鳄梨生食

鳄梨金枪鱼面包

（1）材料：鳄梨若干，金枪鱼罐头1盒，吐司面包若干。

（2）做法：将鳄梨果肉挖出，用勺子压成泥；将金枪鱼罐头打开，将鱼肉与鳄梨搅拌，混合后涂抹于面包上即可。

鳄梨香菇酱

（1）原料组成：松茸菌，牛油果，香椿芽，草菇，葡萄柚，鲜鱼腥草，金樱子。

（2）做法：将上述原料打碎混合。

（3）特点：酱色泽纯正，鲜香浓郁，滋味醇厚。

鳄梨油

（1）烘焙料制备：将鳄梨放入水中榨汁，得到鳄梨汁液，之后加入纤维素酶和蛋白酶进行酶解，得到酶解液和酶解渣，将酶解液和酶解渣分离。将酶解渣焙两次，得到烘焙料。

（2）鳄梨油提取：将烘焙料高压压榨，得到压榨油液和压榨残渣；将食品级氢氧化钾与乙醇混合得到分离液，将分离液加热至50～55℃，与酶解液和压榨残渣混合，超声处理15～18分钟后，水浴中回流提取2小时，并趁热过滤，得到过滤液。将过滤液放入蒸馏器中高压煮沸，回收蒸馏液后，即得到鳄梨油。

五、食用注意

鳄梨属于脂肪含量较高的水果，因此在水果中热量相对较高，减肥期间不宜多食鳄梨。

延伸阅读

鳄梨来了

听说主人今天去超市买了一个鳄梨回来，冰箱里的水果们都吓坏了。

“他有鳄鱼那么大的嘴巴吗？他会不会一口把我们吃掉？”草莓小声地问苹果。苹果也不了解鳄梨，她摇摇头，用蒂头上的小叶片轻轻拍了拍草莓的头安慰她。虽然苹果也很害怕，但和草莓比起来，她算得上一个大姐姐，所以必须比做小妹妹的草莓更勇敢一点。

葡萄其实是最胆小的，一听到鳄梨要来的消息，他们的小脸儿就因为害怕变得更紫了，一个一个更加紧紧地抱在了一起。

“哼！有什么好怕的？我们有榴莲大哥在。他要是敢欺负人，我们就要他好看！”一向脾气暴躁的火龙果怒气冲冲，激动得连绿色的头发都竖了起来。

榴莲闭着嘴巴不说话，只是“嗯”了一声点点头，表示同意。他怕一开口，同伴们会受不了自己身上的味道。

“我想，我们还是应该对人家友好一点。也许他人并不坏呢。”香蕉不紧不慢地说。他是个温和又心软的家伙。

“对呀对呀，以和为贵嘛！”鸭梨也连声附和，她心想，鳄梨的名字里不还有个“梨”吗?

就在这时，冰箱门被打开了，七嘴八舌的水果们纷纷闭上了嘴巴，假装没有人说过话。只见一个皮肤黑褐中带点墨绿色、身上疙疙瘩瘩的家伙和一群笑嘻嘻的橘子挤了进来。冰箱门又被关上了！

“嗨，大家好！我是新来的牛油果，很高兴认识你们！”陌生的家伙热情地笑着自我介绍。

“你好，牛油果先生。欢迎你住进冰箱。”大家齐声说。

“啊，对了！牛油果先生，你没有和那个可怕的家伙一起来吗?”葡萄很好奇地问。

“可怕的家伙?”

“嗯，就是那个会把其他水果吃掉的家伙，名字叫作鳄梨。非常可怕!”小草莓解释说。

“呃，你们在说什么呢！我怎么会吃掉自己的同伴?”陌生的家伙有点生气了。

“你？你不是牛油果吗?”大家惊呆了！

“对呀，牛油果是我的小名。我的学名叫鳄梨。”

“啊?!”大家都松了一口气，同时又有点惭愧。

青枣

红葵有雨长穗，青枣无风压枝。
湿础人沾汗际，蒸林蝉烈号时。

——《季夏即事》（北宋）晁补之

一、食材基本特性

拉丁文名称，种属名

青枣（*Zizyphus mauritiana* Lam.），鼠李目、鼠李科、枣属植物，为常绿灌木或小乔木，又名台湾青枣、毛叶枣、印度枣等。

形态特征

青枣植株的树型结构比较松散，树皮有裂纹，侧枝发达，枝条上有钩刺；叶色浓绿，叶背生灰色绒毛，叶缘呈锯齿状。其花为两性花，黄绿色。成熟果实呈长椭圆形，核小果大，果皮鲜绿，果肉为白色。根系浅生，主根不发达，侧根、须根多。

习性，生长环境

青枣主要分布于亚洲地区，在我国台湾、云南、贵州等地均有栽培。青枣的花期为8月，果期为12月至次年3月。青枣对温度适应性强，能耐35℃的高温和−10℃的低温，适宜生长温度为20~35℃，适于在热带、亚热带地区种植，在温带地区也能生长；在热带、亚热带地区种植为常绿果树，在温带地区种植为落叶果树。青枣属于阳性树种，对阳光的需求量较大。青枣对土壤的要求不高，但在透气性好，保水、保肥性强，土层深厚肥沃的土地种植最好。

二、营养及成分

据测定，每100克青枣部分营养成分见下表所列。

碳水化合物	27.7克
膳食纤维	3.8克

蛋白质	1.2克
脂肪	0.2克
维生素C	0.2克
钠	33毫克
镁	17毫克
钙	16毫克
铁	0.2毫克
维生素A	0.2毫克
维生素E	0.2毫克

三、食材功能

性味 味甘、辛，性热。

归经 入胃、肺经。

功能

（1）作抗氧化剂。青枣含有大量的维生素C，维生素C是一种强抗氧化剂，能有效地清除体内的自由基，滋养皮肤。

（2）强身健体。青枣中含有的糖分，能为机体提供大量的能量，具有强身健体的功效。

（3）安神镇定。青枣中含有的黄酮类物质具有镇定和催眠的作用，适度服用有助于释放压力，缓解失眠。

四、烹饪与加工

青枣火龙果冰沙

（1）材料：火龙果1只，青枣3个，凉开水30克，蜂蜜10克，碎冰沙少许。

（2）做法：将买回来的火龙果、青枣洗净。安装好原汁机，将青枣、火龙果、凉开水、蜂蜜放入原汁机，启动原汁机榨汁。将榨好的汁倒入玻璃杯中，加入碎冰沙即可。

青枣牛奶汁

（1）材料：青枣8个，牛奶500毫升，蜂蜜适量。

（2）做法：将青枣去皮切小块，与牛奶一起放在榨汁机里打成汁，可以根据自己的口味放点蜂蜜。

青枣牛奶汁

青枣味锅巴

（1）原料处理：先将青枣洗净、去核，置于氯化钠溶液中浸泡10～20分钟后取出沥干，然后将青枣置于风干机内风干制成青枣干，最后将青枣干碾磨成青枣粉待用。

（2）制面团：将香米和有机米分别制成香米粉和有机米粉备用；将制备的青枣粉和香米粉混合并加入鲜奶搅匀，再加入有机米粉、蜂蜜、山梨酸钾和成面团原料。

（3）成品：将制备的面团原料挤压结实，再切成片状，放入200～230℃的烤箱中烤5～10分钟，最后将烤制好的锅巴拿出，撒上一层糖与青枣粉的混合粉料即可。

五、食用注意

忌食腐烂变质青枣。若食用腐烂青枣，轻者头晕，眼睛受害，重则危及生命。

延伸阅读

青　枣

在一棵茂密的大枣树上，长出了第一粒青枣。枣树妈妈对青枣说："孩子，你可要快快长大落地生根，不然毛毛虫就把你吃掉了。"青枣说："没关系，我不怕毛毛虫。"

太阳公公用温暖的阳光照耀它，小雨用细细的水滴滋润它，热了枣树叶把自己当成扇子给它扇风，饿了枣树妈妈用甜美的乳汁喂养它。大家都把青枣看成乖宝宝，盼望它赶紧成熟。

可是，毛毛虫来了，它扭动着笨笨的身体，费劲地爬到青枣身边喘着粗气说："好哇，可让我找到了。我可以好好地大吃一顿了。"

这时青枣说："呀，是毛毛虫大叔呀！你是来看我的吧。""什么来看你，我是来吃你的。"毛毛虫舔了下嘴唇说。

"毛毛虫大叔，我早就等着你来了，可还有三天我就熟了，那时又脆又甜才好吃呢。"毛毛虫想了想说："也好，我就再等三天吧。"

三天过去了，毛毛虫看到青枣还是青青的颜色，它有些生气地说："哼，你在骗我，我现在就吃了你。""我根本没骗你，毛毛虫大叔，我说三天成熟是说枣核成熟，如果等果肉成熟还要再等三天，您还在乎三天的时间吗？"

毛毛虫想了想觉得还是熟透的枣子比较好吃，于是它又舔了下嘴唇说："好吧，我就再等三天。"

三天的时间很快又过去了，毛毛虫一看青枣皮上有了一点点红颜色，它觉得青枣成熟可以吃了，它刚想张嘴，青枣又说话了："毛毛虫大叔，我的果肉熟了，可果皮还没熟，您想吃又香又甜的果皮吗？枣皮的营养可是最丰富的……"毛毛虫的肚子有些饿了，可它觉得吃得有营养才是更科学的。于是它又等了三天。

三天后青枣的皮全都红了，毛毛虫流着口水爬了过来。“毛毛虫大叔，这回您可以吃我了。但我是这棵树上结的第一颗枣子，您应该和我合影留个纪念才好呀！”“那我去哪里找相机呢？”毛毛虫问。

“等明天吧，下雨的时候雷公爷爷会打开闪光灯给我们照的。”“是吗？太好了！”毛毛虫高兴地说。第二天下雨了，毛毛虫也饿坏了，它想一口就把青枣吃掉。而小雨点淋在青枣身上，青枣全身挂满水滴，变得越来越沉。

这时它对毛毛虫说：“再见了毛毛虫大叔，我要钻进土地里生根了。”说完青枣一下子掉落到了地上。

参考文献

［1］ 陈寿宏．中华食材　上［M］．合肥：合肥工业大学出版社，2016：1-427．

［2］ 中国科学院中国植物志委员会．中国植物志［M］．北京：科学出版社，2004：1-116．

［3］ 张虹，赵鹏飞，刘继权．一本书读懂中药典故功效及用法［M］．郑州：中原出版传媒集团；郑州：中原农民出版社，2013：114．

［4］ 徐传宏．趣谈瓜果治病［M］．北京：科学出版社，2000：1-143．

［5］ 陈沫金．中药的故事［M］．天津：百花文艺出版社，2010：208．

［6］ 张虹，汤金城．208种中药典故——功效及老药新用［M］．郑州：中原农民出版社，2009：110．

［7］ 张国庆．食疗传奇［M］．北京：军事医学科学出版社，2010：61-167．

［8］ 苏达均．中国名特产趣闻［M］．北京：金盾出版社，2006：357-361．

［9］ 王焕华．中药趣话［M］．天津：百花文艺出版社，2006：141-142．

［10］ 唐靖尧．鲜为人知的中药特效应用［M］．太原：山西科学技术出版社，2016：205．

［11］ 折改梅，李东宸．吃出健康来　你不可不知的食物健康吃法［M］．北京：中国农业大学出版社，2009：3-81．

［12］ 李红珠，高红莉，战雅莲．药食两用话中药［M］．北京：科学技术文献

出版社，2009：163.

［13］ 白极，王良信. 餐桌上的中草药［M］. 北京：中国医药科技出版社，2012：5-7.

［14］ 李冬梅，尹凯丹. 榴莲的保健价值和加工利用［J］. 中国食物与营养，2009（3）：32-33.

［15］ 刘冬英，谢剑锋，方少瑛，等. 榴莲的营养成分分析［J］. 广东微量元素科学，2004，11（10）：57-59.

［16］ 贺峦，彭杨，高学鹏. 山竹果皮的化学成分及生物活性研究进展.［J］. 化工设计通讯，2019，45（11）：119-120.

［17］ 赵骁宇，徐增，蓝文健，等. 山竹的化学成分及其呫吨酮类化合物的药理作用研究进展［J］. 中草药，2013，44（8）：1052-1061.

［18］ 蒋侬辉，李春雨，戴宏芬，等. 山竹的食用药用价值及综合利用研究进展［J］. 广东农业科学，2011，38（3）：50-53.

［19］ 陈挺强. 香蕉低聚糖的通便功能评价及其对肠道微生物的影响研究［D］. 广州：华南理工大学，2016：1-81.

［20］ 张宏康，林小可，李蔼琪，等. 香蕉加工研究进展［J］. 食品研究与开发，2017，38（12）：201-206.

［21］ 肖红，易美华. 椰子的开发利用［J］. 海南大学学报（自然科学版），2003，21（2）：183-189.

［22］ 张建国，宋菲. 我国椰子产业现状及发展战略分析［J］. 中国农业信息，2016（12）：139-141.

［23］ 张蕾. 芒果苷对人甲状腺乳头状癌TPC-1细胞的抑制作用及抗肿瘤机制研究［D］. 济南：山东大学，2019：1-139.

［24］ 李丽，盛金凤，孙健，等. 芒果加工新技术及综合利用研究进展［J］. 食品工业，2014，35（6）：223-227.

［25］ 林达峰，谷昱，马微，等. 释迦果压片糖果的研制［J］. 民营科技，2017（9）：80.

［26］ 周葵. 西番莲综合加工关键技术研究［D］. 南宁：广西大学，2015：1-66.

［27］ 朱文娴，夏必帮，廖红梅. 西番莲的功能活性成分及加工与综合利用研究进展［J］. 食品与机械，2018，34（12）：181-184.

[28] 王壮，王立娟，蔡永强，等. 火龙果营养成分及功能性物质研究进展 [J]. 中国南方果树，2014，43（5）：25-29.

[29] 朱春华，李进学，龚琪，等. 火龙果加工综合利用状况 [J]. 保鲜与加工，2014，14（1）：57-61，64.

[30] 钟思强，黄树长. 番石榴高产栽培 [M]. 北京：金盾出版社，2008：1-165.

[31] 邝高波. 番石榴多酚提取及抗氧化和抑菌活性研究 [D]. 湛江：广东海洋大学，2014：1-5.

[32] 汪彬慧. 莲雾果多糖的结构表征、理化性质及降血糖活性研究 [D]. 合肥：合肥工业大学，2018：1-56.

[33] 魏秀清，许玲，章希娟，等. 莲雾花色苷组分鉴定及其稳定性和抗氧化性 [J]. 果树学报，2019，36（2）：203-211.

[34] 李苗苗. 菠萝果实维生素组分和含量变化的研究 [D]. 海口：海南大学，2012：1-50.

[35] 石伟琦，孙伟生，刁金根，等. 我国菠萝产业现状与发展对策 [J]. 广东农业科学，2011，38（3）：181-186.

[36] 史俊燕. 菠萝果实膳食纤维等功能成分的研究 [D]. 海口：海南大学，2010：1-37.

[37] 葛宇，丁哲利，林兴娥，等. 菠萝蜜研究进展 [J]. 中国南方果树，2015，44（5）：141-146.

[38] 张锦东. 菠萝蜜的综合利用研究 [D]. 广州：华南理工大学，2019：1-58.

[39] 吴刚，陈海平，桑利伟，等. 中国菠萝蜜产业发展现状及对策 [J]. 热带农业科学，2013，33（2）：91-97.

[40] 杨连珍，曹建华. 红毛丹研究综述 [J]. 热带农业科学，2005，25（1）：48-53.

[41] 苏东晓. 荔枝果肉多酚的分离鉴定及其调节脂质代谢作用机制 [D]. 武汉：华中农业大学，2014：1-110.

[42] 张晓卫. 龙眼抗肿瘤化学成分及其初步药理作用研究 [D]. 西安：第四军医大学，2013：1-62.

[43] 肖维强. 龙眼果肉生理活性成分及加工特性研究 [D]. 长沙：湖南农业

大学，2005：1-30.

［44］张俊杰，程志强．西瓜的营养成分及保健功能［J］．南方园艺，2013，24（2）：49-50.

［45］陈松蔚．甘蔗汁果醋酿造工艺优化及发酵过程中挥发性物质分析［D］．南宁：广西大学，2019：1-110.

［46］白婕．金橘化学成分及抗氧化作用初步研究［D］．长沙：中南林业科技大学，2007：1-53.

［47］黎继烈，张慧，王卫，等．金橘黄酮抑菌作用研究［J］．食品与机械，2008，24（5）：38-41.

［48］廖文月，覃伟，吴述勇．现代柑橘种植实用技术问答［M］．武汉：湖北科学技术出版社，2019：1-67.

［49］刘建军．科学种植柑橘［M］．成都：四川科学技术出版社，2018：1-50.

［50］张静．温州蜜柑和几种晚熟柑橘理化品质及功能成分研究［D］．重庆：西南大学，2019：1-8.

［51］李华鑫．柠檬膳食纤维的制备及其性质的研究［D］．成都：西华大学，2012：1-83.

［52］王辉，曾晓房，冯卫华，等．柠檬皮中柠檬苦素对黑曲霉的抑菌特性和机理［J］．现代食品科技，2019，35（1）：97-102，244.

［53］刘琨毅，刘跃红，王琪，等．橙子果醋酿造工艺研究［J］．生物技术世界，2016（2）：58-59.

［54］罗大伦．寒热并调的民间咳嗽验方：盐蒸橙子［J］．医食参考，2020（1）：50.

［55］王乃馨，陈尚龙，李超，等．苹果柚子复合果醋的研制［J］．中国调味品，2016，41（1）：90-93，101.

［56］阳梅芳．柚子黄酮类物质提取、分离及生物特性研究［D］．广州：华南理工大学，2013：1-33.

［57］游玉明．柚子果酒快速陈酿技术的研究［D］．重庆：西南大学，2009：1-69.

［58］刘春菊，牛丽影，郁萌，等．香橼精油体外抗氧化及其抑菌活性研究［J］．食品工业科技，2016，37（24）：132-137.

[59] 封荣. 香橼化学成分分析及其饮料开发 [D]. 南京：南京农业大学，2013：1-53.

[60] 赵永艳，胡瀚文，彭腾，等. 佛手的化学成分药理作用及开发应用研究进展 [J]. 时珍国医国药，2018，29（11）：2734-2736.

[61] 赵秀玲. 佛手生理活性成分的研究进展 [J]. 食品工业科技，2012，33（21）：393-399.

[62] 黄泽伟，程江凤，蔡珊，等. 黄皮果提取物的解酒及护肝作用研究 [J]. 食品研究与开发，2012，33（9）：33-36.

[63] 蒋莹，孙芳玲，艾厚喜，等. 黄皮化学成分的研究进展 [J]. 中国药理学与毒理学杂志，2012，26（3）：425.

[64] 严燕. 枇杷膏加工工艺及其抗氧化特性的研究 [D]. 福州：福建农林大学，2012：1-67.

[65] 吴万兴，孙升辉，张忠良，等. 枇杷 [M]. 咸阳：西北农林科技大学出版社，2004：1-20.

[66] 庞道睿. 杨桃酚类物质降脂作用及其改善肝脂变性的机理研究 [D]. 广州：华南理工大学，2018：7-9.

[67] 范氏泰和. 酸杨桃果汁对糖尿病模型小鼠降血糖作用的研究 [D]. 南宁：广西医科大学，2015：1-67.

[68] 黄海智. 杨梅酚类化合物抗氧化和抗癌功能及机理研究 [D]. 杭州：浙江大学，2015.

[69] 赵晶. 杨梅素对DSS诱导的小鼠急性溃疡性结肠炎的保护作用研究 [D]. 长春：吉林大学，2013：1-34.

[70] 叶倩雯. 青梅酒发酵工艺研究及品质分析 [D]. 广州：仲恺农业工程学院，2014：3-15.

[71] 黄伟素，潘秋月，高一勇. 青梅果产品的开发现状和发展趋势 [J]. 食品工业科技，2011，32（11）：519-521，524.

[72] 肖婷，崔炯谟，李倩，等. 桃金娘的化学成分、药理作用和临床应用研究进展 [J]. 现代药物与临床，2013，28（5）：800-805.

[73] 朱春福. 桃金娘的化学成分及生物活性研究 [D]. 南昌：江西农业大学，2014.

［74］李维熙，王葳，杨柏荣，等．酸角的化学成分及生物活性研究现状［J］．国际药学研究杂志，2016，43（4）：697-704．

［75］代建菊，袁理春，李茂富，等．酸角在食品上的应用研究概述［J］．食品研究与开发，2015，36（16）：17-20．

［76］倪士峰，谢彬，张振华，等．人心果药学研究概况［J］．安徽农业科学，2014，42（3）：704-705，708．

［77］文亚峰，谢碧霞，何钢．人心果研究现状与进展［J］．经济林研究，2005，23（4）：84-88．

［78］谢碧霞，文亚峰，何钢，等．我国人心果的品种资源、生产现状及发展对策［J］．经济林研究，2005，23（1）：1-3．